中国应对气候变化的政策与行动

2014 年度报告

China's Policies and Actions for
Addressing Climate Change

2014 Annual Report

解振华 　主编

U0351845

中国环境出版社·北京

图书在版编目（CIP）数据

中国应对气候变化的政策与行动. 2014年度报告 /
解振华主编. -- 北京：中国环境出版社，2015.7
　　ISBN 978-7-5111-2428-9

　　Ⅰ. ①中… Ⅱ. ①解… Ⅲ. ①气候变化－研究报
告－中国－2014 Ⅳ. ①P467-012

中国版本图书馆CIP数据核字(2015)第121846号

出 版 人　王新程
策划编辑　张秋辰
责任编辑　丁莞歆
责任校对　尹　芳
装帧设计　宋　瑞

出版发行　**中国环境出版社**
　　　　　（100062　北京市东城区广渠门内大街16号）
　　　　　网　　址：http://www.cesp.com.cn
　　　　　电子邮箱：bjgl@cesp.com.cn
　　　　　联系电话：010-67112765（编辑管理部）
　　　　　发行热线：010-67125803，010-67113405（传真）
　　　　　印装质量热线：010-67113404
印　　刷　北京中科印刷有限公司
经　　销　各地新华书店
版　　次　2015年8月第1版
印　　次　2015年8月第1次印刷
开　　本　787×960　1 / 16
印　　张　14.25
字　　数　182千字
定　　价　48.00元

本书编委人员名单

主　编

解振华

副主编

苏　伟

编委（以姓氏笔画为序）

田成川　邢佰英　华　中　刘　强　孙　桢
李　高　陆新明　姚　薇　曹　颖　蒋兆理
谢　极

编写说明

为全面展示 2013 年以来我国各级政府应对气候变化工作进展情况及取得的成效，我们组织编写了《中国应对气候变化的政策与行动——2014 年度报告》。本书包括 1 篇总报告和 10 篇分报告，总报告为《中国应对气候变化的政策与行动——2014 年度报告》，10 篇分报告为 2013 年以来我国应对气候变化在低碳试点、国际合作与谈判等方面的主要工作和研究进展情况以及 IPCC 第五次评估报告的最新结论。

本书是在前国家发展和改革委员会副主任解振华同志的直接指导下由国家发展和改革委员会应对气候变化司组织编写的。在编写过程中，得到了国务院有关部门的大力支持，初稿形成后，又征求了有关部门的意见和建议。希望本书的出版，对社会各界了解我国应对气候变化各项工作及进展情况、提高全社会低碳意识起到积极作用。

目录

附录 173

中国应对气候变化的政策与行动

2014

年度报告

China's Policies and Actions for
Addressing Climate Change

2014 Annual Report

——总报告

中国应对气候变化的政策与行动 2014 年度报告

前 言

当前，中国经济社会发展正步入一个新的历史时期，应对气候变化工作面临的形势更为严峻，任务更加艰巨。2013 年，中国反复、多次出现大范围持续性雾霾天气，引起了全社会的高度关注，凸显出粗放发展模式已经难以为继，切实转变经济发展方式、推进绿色低碳发展任务日益紧迫。坚持绿色低碳发展、积极应对气候变化，既是新时期中国政府大力推进生态文明建设，实现可持续发展的必由之路，也是树立负责任国家形象，为保护全球气候环境作出积极贡献的现实选择。中国政府高度重视应对气候变化问题，2014 年 5 月出台了《2014—2015 年节能减排低碳发展行动方案》，明确提出单位国内生产总值二氧化碳排放 2014 年和 2015 年分别下降 4% 和 3.5% 以上；2014 年 9 月印发了《国家应对气候变化规划（2014—2020 年）》，明确了 2020 年前中国应对气候变化工作的指导思想、主要目标、总体部署、重点任务和政策导向；2014 年 9 月在联合国气候峰会上，中国国家主席习近平特使、国务院副总理张高丽全面阐述了中国应对气候变化的政策、行动及成效，并宣布中国将尽快提出 2020 年后应对气候变化行动目标，碳排放强度要显著下降，非化石能源比重要显著提高，森林蓄积量要显著增加，努力争取二氧化碳排放总量尽早达到峰值。

2013 年以来，中国政府紧紧围绕"十二五"应对气候变化目标任务，全面落实"十二五"控制温室气体排放工作方案，继续通过调整产业结构、节能与提高能效、优化能源结构、增加碳汇、适应气候变化、加强能力建设等综合措施，进一步加强应对气候变化能力建设，并取得积极进展。2013 年单位国内生产总值二氧化碳排放比 2012 年下降 4.3%，比 2005 年累计下降 28.56%，相当于少排放二氧化碳 25 亿吨。与此同时，在气候变化国际谈判中，中国继续发挥积极建设性作用，推动华沙会议取得积极成果，广泛推进国际交流与合作，为应对全球气候变化作出了重要贡献。

为使各方面全面了解 2013 年以来中国在应对气候变化方面采取的政策与行动及取得的成效，特编写本年度报告。

一、减缓气候变化

2013 年以来，中国政府紧紧围绕"十二五"应对气候变化目标任务，通过调整产业结构、节能与提高能效、优化能源结构、控制非能源活动温室气体排放、增加碳汇等，在减缓气候变化方面取得了积极成效。

（一）调整产业结构

推动传统产业改造升级。国家发展改革委会同工业和信息化部印发《关于重点产业布局调整和产业转移的指导意见》，提出了推动重点产业布局调整和产业转移的指导思想、基本原则、主要任务和政策措施。对于具体行业，国务院印发了《船舶工业加快结构调整促进转型升级实施方案（2013—2015 年）》，国家发展改革委会同工业和信息化部编制了《石化产业规划布局方案》，开展了《造纸工业"十二五"规划》和《食品工业"十二五"规划》的中期评估工作。

加快淘汰落后产能。按照《国务院关于化解产能严重过剩矛盾的指导意见》工作要求，围绕控增淘劣、提质增效、转型升级、低碳发展，继续积极推进化解产能过剩矛盾各项工作。2013 年 10 月，国务院办公厅印发了《关于进一步加强煤矿安全生产工作的意见》，提出到 2015 年底在全国范围内关闭 2 000 处以上小煤矿。工业和信息化部为落实《关于下达 2013 年 19 个工业行业淘汰落后产能目标任务的通知》，2013 年 7 月及 2014 年 8 月，分别公布了第一批及第二批炼铁、炼钢、焦炭等 19 个工业行业淘汰落后产能企业名单。

2014 年 3 月，国家能源局、国家煤矿安全监察局联合印发了《关于做好 2014 年煤炭行业淘汰落后产能工作的通知》；6 月，国家安全监管总局、国家煤矿安监局、国家发展改革委等 12 部门联合发布了《关于加快落后小煤矿关闭退出工作的通知》。国家质检总局会同国家发展改革委等 9 部门联合部署建材专项整治工作，对照钢材、玻璃、水泥、陶瓷等产品的国家标准要求，加强执法检查，将生产、流通、使用三个环节紧密结合起来，严惩生产、销售不符合标准产品的违法行为。2013 年，共关停小火电机组 447 万千瓦，淘汰炼铁 618 万吨、炼钢 884 万吨、电解铝 27 万吨、水泥（熟料及磨机）10 578 万吨、平板玻璃 2 800 万重量箱，涉及企业 1 500 多家。

扶持战略性新兴产业发展。战略性新兴产业发展环境进一步改善，创新成果不断涌现，优势资源加快汇集。国家发展改革委会同有关单位对《"十二五"国家战略性新兴产业发展规划》提出的 20 个重大工程编制了实施方案，启动实施了智能制造、生物育种、北斗卫星导航发展应用等重大工程；继续实施"国家低碳技术创新及产业化示范工程"，已累计安排中央产业技术研发资金 10.6 亿元，支持了 54 个示范工程建设。2013 年 8 月，国务院发布了《关于加快发展节能环保产业的意见》，提出要促进节能环保产业技术水平显著提升。工业和信息化部会同有关部门出台了《关于继续开展新能源汽车推广应用工作的通知》等一系列文件，扶持节能与

新能源汽车产业发展。新能源产业发展企稳回升，光伏设备及元器件制造、
风能原动设备制造的主营业务收入增速从 2012 年的负增长上升到 2013 年
的 13% 和 21.5%。2013 年以来，新兴产业创投计划支持设立创业投资基金
已达 190 只，基金规模达 516 亿元，已经投资超过 500 家创新型中小企业，
其中投资于节能环保和新能源领域的基金有 44 只，规模约 126 亿元。

大力发展服务业。2014 年 8 月，国务院印发《关于加快发展生产性服
务业促进产业结构调整升级的指导意见》，首次对生产性服务业发展作出
全面部署，指出要以推动生产性服务业加快发展作为国家产业结构调整的
重要任务，明确了鼓励企业向价值链高端发展、推进农业生产和工业制造
现代化、加快生产制造与信息技术服务融合的生产性服务业三大发展导向，
提出了研发设计、第三方物流、融资租赁、信息技术服务、节能环保服务、
检验检测认证、电子商务等 11 个重点领域的主要任务。

经过各方努力，中国产业结构不断优化，截至 2014 年 6 月底，三次
产业结构优化为 7.4% ∶ 46.0% ∶ 46.6%，服务业增加值比重比 2013 年同
期提高 1.3 个百分点，已连续 6 个季度超过第二产业，对经济增长的支撑
作用日益增强。

（二）节能提高能效

强化节能管理及考核。各地区、各部门坚持把节能降耗作为调整产业
结构、转变发展方式、推动科学发展、建设生态文明的重要抓手，采取了
一系列强有力的政策措施。2014 年，国务院印发了《2014—2015 年节能
减排低碳发展行动方案》，对"十二五"后两年节能减排降碳工作进行了
全面安排和部署。为加强重点企业节能管理，工业和信息化部组织制定并
发布了《有色金属、石化和化工等行业节能减排指导意见》，推进高耗能
行业工业企业能源管理中心建设。继续强化节能目标责任考核，2013 年，

国家发展改革委会同 8 个部门组织开展了省级人民政府 2012 年节能目标责任评价考核。

加强节能评估审查工作。《中华人民共和国节约能源法》确定了固定资产投资项目节能评估和审查制度，节能主管部门根据有关规定牵头制定能评规章、制度、规范和程序，并统一出具能评审查意见。进一步优化了能评工作程序，明确了规范审批、突出重点、抓大放小、严格监管的能评工作思路，对六大高耗能行业、建筑和产能过剩行业新上项目严格审查，对能耗量低的项目适当加快审批进程。完善了节能评估制度，制定了各地区"十二五"新上项目国家节能评估控制方案，初步建立了能评"双控"制度。开展项目节能评估审查，2013 年共受理节能评估项目 554 个，审查项目合计年综合能耗量约 1.02 亿吨标准煤，从源头核减不合理能源消费量约 361 万吨标准煤。

加快实施节能重点工程。继续安排中央预算资金支持节能项目，并优化了相关管理办法。2013 年，安排中央预算内资金 25.6 亿元，支持了 438 个节能技术改造及产业化项目，年可实现节能能力 560 万吨标准煤；安排中央预算内资金 3.72 亿元，支持 445 个节能监察机构能力建设项目；安排中央财政节能奖励资金 18.44 亿元，支持节能技术改造财政奖励项目 272 个，年可实现节能能力 642 万吨标准煤；安排中央财政奖励资金约 2.8 亿元，支持 443 个合同能源管理项目，实现节能量约 116 万吨标准煤。

进一步完善节能标准标识。实施"百项能效标准推进工程"，国家发展改革委、国家标准化管理委员会、工业和信息化部建立了"百项能效标准推进工程"绿色通道，2013 年发布了 48 项国家节能标准，截至 2013 年底，共发布 105 项标准。工业和信息化部组织发布了钢铁、有色金属、轻工等行业重点用能产品（工序）能效标杆指标及企业，编制了钢铁、化工等行业能源审计指南。住房和城乡建设部会同工业和信息化部积极推广应用绿色建材，联合印发了《绿色建材评价标识管理办法》。

推广节能技术与产品。2014 年 1 月，国家发展改革委印发《节能低碳技术推广管理暂行办法》，加快节能低碳技术进步和推广普及，引导用能单位采用先进适用的节能新技术、新装备、新工艺，并发布了第六批《国家重点节能技术推广目录》，公布煤炭、电力、钢铁、有色等 13 个行业的 29 项重点节能技术，6 批目录累计向社会推荐了 215 项重点节能低碳技术。国家发展改革委、财政部等部门组织实施节能产品惠民工程，推广高效节能家电 1.3 亿台、节能汽车 265 万辆、高效电机 2 500 万千瓦，拉动绿色消费 1.4 万亿元，实现节能能力 2 000 万吨标准煤。国家认监委会同国家发展改革委联合印发《低碳产品认证管理暂行办法》，建立了中国的低碳产品认证制度，公布了包括通用硅酸盐水泥等 4 种产品在内的《低碳产品认证目录（第一批）》，27 家企业获得低碳产品认证证书。科技部组织编制并发布了《节能减排与低碳技术成果转化推广清单（第一批）》，工业和信息化部发布了《"能效之星"产品目录（2013）》以及两批工业领域节能减排电子信息应用技术目录、四批节能机电设备（产品）推广目录。

加快发展循环经济。国家发展改革委印发了《关于组织开展循环经济示范城市（县）创建工作的通知》，提出到 2015 年选择 100 个左右城市（区、县）开展国家循环经济示范城市（县）创建工作。2013 年安排中央财政清洁生产专项资金 5.8 亿元，支持 95 个清洁生产技术示范项目，在聚氯乙烯等 28 个重点行业中遴选公布了 43 家清洁生产示范企业。工业和信息化部研究制定了工业领域落实《大气污染防治行动计划》工作方案，组织编制发布京津冀及周边地区、丹江口水库及上游等重点区域（流域）企业清洁生产水平提升计划，继续推进工业固体废物综合利用基地建设，联合国家安全监管总局开展尾矿综合利用示范工程建设，组织实施废钢铁加工、轮胎翻新、废轮胎综合利用行业准入制度，发布了第三批《再制造产品目录》。

推进建筑领域节能。按照 2013 年 1 月发布的《绿色建筑行动方案》要求，国家发展改革委和住房和城乡建设部积极推进绿色建筑行动，同时继续开展既有建筑改造。截至 2013 年底，全国城镇新建建筑全面执行节能强制性标准。北方采暖地区、夏热冬冷及夏热冬暖地区全面执行更高水平节能设计标准，积极开展被动式超低能耗绿色建筑示范，2013 年全年获得绿色建筑评价标识的建筑面积达 4 800 万平方米，比 2012 年增加了一倍。截至 2013 年底，全国共有 1 446 个项目获得绿色建筑评价标识，建筑面积超过 1.6 亿平方米。全国城镇累计建成节能建筑面积 88 亿平方米，年形成约 8 000 万吨标准煤节能量和 2.1 亿吨二氧化碳减排量。"十二五"前三年，北方采暖地区累计完成既有居住建筑供热计量及节能改造面积 6.2 亿平方米，提前超额完成了国务院确定的 4 亿平方米的改造任务。2013 年，夏热冬冷地区完成既有居住建筑节能改造 1 175 万平方米。可再生能源建筑应用规模不断扩大，截至 2013 年底，全国城镇太阳能光热应用面积 27 亿平方米，浅层地能应用面积 4 亿平方米。

推进交通领域节能。交通运输行业节能减排监管能力和服务水平不断提升，绿色循环低碳交通运输体系建设取得积极进展。2013 年 8 月，交通运输部印发《关于深入推进"车、船、路、港"千家企业低碳交通运输专项行动的通知》，确定了 981 家参与企业名单，健全了能耗和碳排放报告制度，提出了参与企业考核指标体系，初步构建了千企行动长效机制。2013 年度财政部、交通运输部共同安排交通运输节能减排专项资金总计 7.49 亿元，对 367 个项目"以奖代补"。2013 年交通运输行业节能 613 万吨标准煤，相当于少排放二氧化碳 1 337 万吨。

经过各方努力，2013 年全国万元 GDP 能耗降低 3.7%，"十二五"前三年，全国单位 GDP 能耗累计下降 9.03%，实现节能约 3.5 亿吨标准煤，相当于少排放二氧化碳 8.4 亿吨以上，产生了良好的经济和社会效益。2014 年上半年，全国能耗强度进一步降低，单位 GDP 能耗同比下降 4.2%，创"十二五"以来最好成绩。

（三）优化能源结构

严格控制煤炭消费总量。为落实《大气污染防治行动计划》，控制煤炭消费总量，各有关部委及地方政府相继制定了有关工作方案及计划。环境保护部、国家发展改革委等有关部门联合印发《京津冀及周边地区落实大气污染防治行动计划实施细则》，明确提出到 2017 年底，北京市、天津市、河北省和山东省压减煤炭消费总量 8 300 万吨，其中，北京市净削减原煤 1 300 万吨，天津市净削减 1 000 万吨，河北省净削减 4 000 万吨，山东省净削减 2 000 万吨。2014 年 7 月，国家发展改革委、国家能源局印发《京津冀地区散煤清洁化治理工作方案》，通过散煤减量替代与清洁化替代并举等措施，力争到 2017 年底解决京津冀地区民用散煤清洁化利用问题。广东省、江西省和重庆市提出到 2017 年煤炭占比分别下降到 36%、65%及 60% 以下。2014 年 3 月，环境保护部发布《关于落实大气污染防治行动计划严格环境影响评价准入的通知》，从环评受理和审批的角度，提出实行煤炭总量控制地区的燃煤项目必须有明确的煤炭减量替代方案。2014年 3 月，国家发展改革委、能源局及环境保护部联合印发《能源行业加强大气污染防治工作方案》，从能源行业发展角度提出要加强能源消费总量控制，逐步降低煤炭消费比重，制定国家煤炭消费总量中长期控制目标。

继续推动化石能源清洁化利用。各相关部门通过制定各项规划及标准等，加强煤炭、天然气及石油的清洁化利用。2014 年 9 月，国家发展改革委、环境保护部、商务部、海关总署、工商总局以及质检总局联合发布《商品煤质量管理暂行办法》，明确了商品煤质量标准；国家发展改革委、环境保护部、国家能源局印发了《煤电节能减排升级与改造行动计划（2014—

2020 年）》，提出要推行更严格的能效环保标准，加快燃煤发电升级与改造，努力实现供电煤耗、污染排放、煤炭占能源消费比重"三降低"和安全运行质量、技术装备水平、电煤占煤炭消费比重"三提高"，以进一步提升煤电高效清洁发展水平；实施了一批煤电环保改造示范项目和节能升级改造示范项目，确定了 4 个燃煤电厂作为国家煤电节能减排示范基地和示范电站，分解落实行动计划目标任务，积极推进煤炭高效清洁利用。2013 年 2 月，为科学高效开发利用煤层气资源，国家能源局制定了《煤层气产业政策》；10 月，为落实《页岩气发展规划（2011—2015 年）》、推进页岩气产业健康发展、提高天然气供应能力，国家能源局制定了《页岩气产业政策》。2014 年 7 月，国家能源局发布《关于规范煤制油、煤制天然气产业科学有序发展的通知》，规范煤制油煤制气项目，提出"坚持量水而行、坚持清洁高效转化、坚持示范先行、坚持科学合理布局、坚持自主创新"的原则，并提出了能源转化效率、能耗、水耗、二氧化碳排放和污染物排放等准入值。此外，为落实《大气污染防治行动计划》、积极推进协同控制以减少化石能源二氧化碳排放，环境保护部研究提出了中国钢铁、水泥和交通三个重点行业的大气污染物与温室气体协同控制的综合对策建议。

大力发展非化石能源。各部门制定多项政策积极推动非化石能源的利用。水电方面，2014 年上半年溪洛渡、向家坝等一批标志性大型水电项目顺利投产，提前一年完成"十二五"规划目标。风电方面，2013 年以来国家能源局分别下发"十二五"规划第三批、第四批风电项目核准计划，分别安排建设规模 2 797 万千瓦、2 760 万千瓦，进一步优化风电项目布局。2014 年 6 月，国家发展改革委出台了海上风电上网价格政策，推动开发了一批建设条件较好的海上风电项目。光伏发电方面，2013 年以来国家能源局相继出台了《光伏电站项目管理暂行办法》《关于促进光伏产业健康发展的若干意见》《分布式光伏发电项目管理暂行办法》《关于下达 2014 年

光伏发电年度新增建设规模的通知》《关于开展分布式光伏发电应用示范
区建设的通知》《关于支持分布式光伏发电金融服务的意见》《关于进一
步落实分布式光伏发电有关政策的通知》等文件，推动光伏产业发展。生
物质能方面，2014 年 6 月，国家能源局和环境保护部联合发布了《关于开
展生物质成型燃料锅炉供热示范项目建设的通知》，拟在全国范围内建设
120 个生物质成型燃料锅炉供热示范项目。截至 2013 年底，非化石能源发
电装机占电力总装机的比重达到 30.9%，较上年提高 4 个百分点，并网风
电容量达到 8 123 万千瓦，同比增长 32.2%，2013 年风力发电量 1 311 亿
千瓦时，同比增长 35.6%；水电装机 2.6 亿千瓦，同比增长 4.4%，2013 年
水力发电量 9 116 亿千瓦时，同比增长 5.6%；核电装机 1 794 万千瓦，同
比增长 17.7%，2013 年核电发电量 1 106 亿千瓦时，同比增长 13.6%；光
伏发电并网装机 1 479 万千瓦，同比增长 334%，2013 年太阳能发电量 70
亿千瓦时，同比增长约 1 倍。中国可再生能源装机容量已占全球的 24%，
新增可再生能源装机容量占全球的 37%。2013 年，中国一次能源消费总量
为 37.5 亿吨标准煤，其中，煤炭消费比重为 66%，较 2012 年降低 0.6 个
百分点；石油消费比重为 18.4%，较 2012 年降低 0.4 个百分点；天然气消
费比重为 5.6%，较 2012 年提高 0.6 个百分点；非化石能源消费比重为 9.8%，
较 2012 年提高 0.4 个百分点。

（四）控制非能源活动排放

2013 年，环境保护部制订了《蒙特利尔议定书》下加速淘汰含氢氯
氟烃的管理计划，积极开展非二氧化碳类温室气体和短寿命气候污染物等
相关专题研究，与联合国环境规划署（UNEP）合作编写了"控制短寿命
气候污染物的环境与气候效应"报告。在第 19 个国际保护臭氧层日，环
境保护部在北京召开了中国第一批含氢氯氟烃生产线关闭项目启动会暨国

际臭氧层保护日宣传活动。第一批关闭 5 条含氢氯氟烃生产线，可年减少 4 647 ODP（消耗臭氧层潜能值）吨消耗臭氧层物质的生产，可年减排 9 350 万吨二氧化碳当量的温室气体。

（五）增加碳汇

进一步落实林业应对气候变化工作方案。国家林业局编制印发了 2013 年、2014 年林业应对气候变化重点工作安排与分工方案，明确了 2013 年和 2014 年的重点任务和工作分工，启动实施了减少毁林和森林退化排放（REDD＋）行动年，出台了《国家林业局关于推进林业碳汇交易工作的指导意见》，明确了推进林业碳汇交易工作的指导思想、基本原则和政策措施。林业碳汇计量监测体系建设实现全国覆盖，为科学测算林业碳汇奠定了坚实基础。

努力增加森林碳汇。围绕实现到 2020 年比 2005 年森林面积净增 4 000 万公顷目标，国家林业局加紧组织实施《全国造林绿化规划纲要（2011—2020 年）》。2013 年，全国完成造林面积 9 150 万亩、义务植树 25.2 亿株，均超额完成全年计划。截至 2013 年，累计在 18 个省（自治区、直辖市）完成碳汇造林 30 多万亩。积极推动森林抚育补贴试点转向全面开展森林经营，安排中央财政森林抚育补贴资金 58 亿元，完成森林抚育 1.18 亿亩，超额完成全年计划任务。实施了京津风沙源治理二期工程，扎实推进石漠化综合治理工程，严格实行禁止滥开垦、禁止滥放牧、禁止滥樵采的"三禁"制度。组织制定了森林增长指标监测评估实施方案和森林增长指标中期评估评分手册，开展了国家"十二五"规划纲要中确定的省级森林覆盖率和森林蓄积量两项约束性指标中期评估。结果表明，森林面积进一步扩大，森林碳汇能力进一步增强。

二、适应气候变化

2013 年，中国政府出台《国家适应气候变化战略》，明确了 2020 年前国家适应气候变化工作的指导思想和原则，并采取积极行动，提高气候变化影响监测能力及应对极端天气气候事件能力，减轻了气候变化对经济社会发展和生产生活的不利影响。

（一）基础设施

民政部制定并下发了《关于加强救灾装备建设的指导意见》《关于加强中央救灾物资管理工作的通知》等文件，为进一步规范中央救灾物资管理和为地方配置救灾装备提供了标准和依据；修订和制定了《自然灾害统计制度》和《特别重大自然灾害损失统计制度》，建立了由民政、气象、地震等 17 个部门（单位）参加的灾情会商部际联络员会议制度，并在北京、天津等 7 省（直辖市）推广乡镇网络报灾试点，扎实做好灾情整理、报送和发布工作。住房和城乡建设部贯彻落实《国务院加强城市基础设施建设的意见》，修订《室外排水设计规范》，提高了城市雨水灌渠设计标准，明确了内涝防治要求。水利部指导各地创建 2013 年度全国综合减灾示范社区 1 292 个，在继续稳步推进黄河下游近期防洪工程、进一步治理淮河、东北三江灾后水毁修复、太湖水环境综合治理等大江大河治理的基础上，全面完成了 15 891 座重点小 II 型病险水库除险加固，启动实施了 2 789 个重点中小河流治理项目，加强应对水旱灾害能力。气象局加强推进气候观测数据共享和气候关键区综合观测基地建设行动计划，建立集气象灾害风险普查、识别、预警和评估于一体的气象灾害风险业务体系，研发城市内涝气象灾害风险预警服务系统并在试点省（市）开展风险预警服务。国家林业局成立国家林业局生态定位观测网络中心，截至 2013 年底已建生态站达到 140 个，其中森林生态站 90 个、湿地生态站 30 个、荒漠生态站 20 个。农业部在旱作区建设了旱作节水实验基地和野外观测台站，初步形成了从国家到地方的节水农业技术试验网络。国家海洋局积极推进海洋气候观测工作，完成了 21 个新建验潮站建设和 85 个海洋站（点）升级改造，提升了岸基海洋气候观测能力，组织浙江省、福建省等地开展海岛防灾减灾应急救助体系及应急设施示范建设。

（二）农业

国家发展改革委安排中央预算内投资 200 多亿元，支持粮食、棉花等农产品生产基地建设，加强以小型农田水利为基础的田间工程建设，提高防灾减灾能力。财政部、农业部联合印发了《关于做好旱作农业技术推广工作的通知》，安排资金 10 亿元支持"三北"发展旱作节水农业。农业部推动在品种选育、栽培模式、田间工程、设施设备、化学制剂等方面开展系统研究，应用垄沟种植、集雨池窖、地膜（秸秆）覆盖、深耕深松、膜下滴灌、免耕栽培、生物篱、坐水种和抗旱制剂等旱作节水农业技术，推广应用面积达到 4 亿多亩（1 亩＝1/15 公顷）。累计建立墒情与旱情监测点 600 多个，节水农业技术服务设施设备和人员配备显著增强，节水农业技术服务体系初步建立。农业部与全球环境基金（GEF）共同在粮食主产区开展为期 5 年的气候智慧型农业项目的试验与示范，增强作物生产对气候变化的适应能力。

（三）水资源

水利部贯彻落实《国务院关于实行最严格水资源管理制度的意见》，实施最严格水资源管理制度考核工作，强化水资源配置、节约、保护和管理，全面完成"三条红线"省级指标分解；深化七大流域综合规划的实施，推进重要江河流域水量分配，基本完成全国第一批 25 条主要江河流域水量分配工作技术审查；全面完成第一次全国水利普查工作，摸清了中国江河湖泊及水土资源条件的基本情况；强化建设项目水资源论证管理，开展能源开发、城市建设、工业园区等重要规划的水资源论证；严格取水许可和水资源费管理，明确了各省（自治区、直辖市）"十二五"末的最低水资源费征收标准；深入推进节水型社会建设，加快推进水生态文明建设；水资源监控能力建设全面加强，初步构建了中央和流域水资源监控管理信息平台；编制完成了《全国抗旱规划实施方案》，加强重大骨干水源工程和重点旱区抗旱应急工程建设。住房和城乡建设部加大推动城市节水工作力度，会同国家发展改革委印发《关于进一步加强城市节水工作的通知》，完成了第七批国家节水型城市的考核工作。水利部、国家发展改革委推进大型灌区骨干灌排工程改造、大型灌排泵站更新改造、规模化高效节水灌溉工程建设等项目，2013 年以来分别安排中央资金 117 亿元、20 亿元、18 亿元，提高了灌溉用水效率和机电设备装置效率，节约灌溉用水 30 多亿立方米。财政部、水利部、农业部于 2012—2015 年联合实施东北四省区"节水增粮行动"，总投资 380 亿元建设高效节水工程技术面积 3 800 万亩。水利部大力推进国家水土保持重点工程建设，2013 年至 2014 年上半年，全国共完成水土流失综合治理 8 万平方公里，建成生态清洁型小流域 260 多条。

（四）海岸带

国家海洋局组织开展了省级海岛保护规划编制工作，其中辽宁、河北、山东、江苏、浙江、福建、广东和广西 8 省（自治区）海岛保护规划已经省政府批准实施。继续组织实施海岛整治修复项目 20 余项，累计支持资金 4.7 亿元。继续推进海洋气候监测和影响评估工作；继续开展海岸侵蚀、海水入侵和土壤盐渍化监测与评价工作，积累了气候变化与海洋环境灾害相关性分析评价数据。进一步加强海洋预报与防灾减灾工作，开展海平面变化监测工作，发布了 2013 年度《中国海平面公报》；开展了面向沿海重点保障目标的精细化预报工作，向沿海 24 个重点保障目标范围内的相关单位每日发布周边海域风暴潮、海浪、潮流 / 海流预报，提高了预报服务保障能力；进一步完善海洋渔业生产安全环境保障服务系统，向中国 53 个渔场 28 万余条渔船提供海浪和风场预报警报信息。

（五）生态系统

国家林业局启动了《林业适应气候变化方案》编制工作，稳步推进林业有害生物防控和林地保护，严格落实重大林业有害生物防控责任制，有害生物成灾率连续四年控制在 5‰以下；实施林地规划管理和林地用途管制，严格控制林地流失，在黑龙江重点国有林区停止天然林商业性采伐，进一步加大天然林保护。国家林业局全面推进自然湿地保护和退化湿地恢复，制定了部门规章《湿地保护管理规定》，继续实施湿地保护恢复工程和湿地保护补助项目，安排专项资金近 4 亿元，完成第二次全国湿地资源调查，新增国家重要湿地 5 处；在 7 省（自治区）30 个县启动了沙化土地封禁保护补助试点，在封禁保护区域内，禁止一切破坏植被的活动。环境保护部提出了生物多样性与气候变化相互影响的评价指标体系，并对东北地区、青藏高原等典型区域气候变化对生物多样性的影响进行了评估，开展了气候变化对我国水环境质量的影响及其适应性对策研究。

（六）人群健康

卫生计生委加强与气候变化密切相关的登革热等虫媒传染病和手足口病等肠道传染病防控工作，印发中东呼吸综合征疫情防控方案、人感染

H7N9 禽流感疫情防控方案和《霍乱防治手册》（第 6 版）等技术方案，指导地方开展重点传染病防控工作，进一步完善传染病网络直报系统；加强应对气候变化卫生应急保障工作，先后印发了《关于切实做好自然灾害卫生服务工作的紧急通知》和《关于做好高温天气医疗卫生服务工作的通知》，组织做好自然灾害卫生应急和高温天气医疗卫生服务工作；在预测分析气候变化对寄生虫病的分布和传播影响的基础上，开展适应政策指标研究，为卫生计生部门制定适应气候变化政策提供依据。气象局成立京津冀及周边地区人工影响天气消减雾霾领导小组和试验工作组，联合开展飞机和地面人工增雨（雪）作业试验；与环境保护部联合印发《京津冀及周边地区重污染天气监测预警实施方案》，建立了京津冀及周边地区重污染天气联合会商、信息联合发布和应急联动机制。

三、低碳发展试点与示范

2013 年以来，中国稳步推进低碳省区和低碳城市试点，积极组织碳排放权交易试点，开展低碳工业园区、低碳社区、低碳交通运输等领域试点示范工作，初步形成了从省区、城市、城镇到园区、社区的全方位低碳发展试点示范工作格局。

（一）稳步推进低碳省区和低碳城市试点

各试点省区和城市大力发展第三产业，控制"两高一资"行业，发展战略性新兴产业，推广清洁能源利用，增加森林碳汇，倡导绿色低碳生活方式和消费模式，完善工作机制，创新体制机制，积极探索适合本地区的绿色低碳发展模式，取得了积极进展。在第一批"五省八市"中，深圳市率先提出在 2017—2020 年达到碳排放峰值；第二批 29 个试点省市均明确提出碳排放峰值目标或总量控制目标，其中北京、镇江等城市率先探索开展新建项目碳评估制度。根据国家发展改革委 2013 年组织开展的 2012 年度控制温室气体排放目标责任试评价考核结果，列入试点的 10 个省（直辖市）2012 年碳强度比 2010 年下降平均幅度约 9.2%，高于全国总体下降幅度，广东、湖北、北京、天津、上海和云南等试点省市超额完成了 2012 年度及"十二五"累计进度目标，其他试点地区碳强度完成情况也显著好于同类地区。

（二）继续推动碳排放权交易试点

截至 2013 年底，深圳、上海、北京、广东和天津 5 个省（直辖市）先后启动了地方碳交易市场，正式上线交易。2014 年第二季度，湖北省和重庆市相继正式启动上线交易。地方碳交易试点的运行标志着中国利用市场机制推进绿色低碳发展迈出了具有开创性和重要意义的一步，是中国应对气候变化领域一项重大的体制创新。试点省市高度重视碳交易市场建设工作，开展了各项基础工作，包括制定地方法律法规，确定总量控制目标和覆盖范围，建立温室气体测量、报告和核查（MRV）制度，分配排放配额，建立交易系统和规则，开发注册登记系统，设立专门管理机构，建立市场监管体系，进行人员培训和能力建设，初步形成了全面完整的碳交易试点制度框架。通过试点省市的积极探索，目前已基本形成了具有一定约束力的、由强度目标转换成绝对总量控制目标的、覆盖部分经济部门的"上限－交易"（Cap-Trade）交易和政策体系，建立了坚实的技术基础和能力。各试点省市均通过场内交易完成了碳定价，带动相关产业发展，企业意识有了显著提高。截至 2014 年 10 月底，7 个试点省市碳交易市场共交易 1 375 万吨二氧化碳，累计成交金额突破 5 亿元人民币；配额拍卖合计成交量 1 521 万吨，共获得拍卖收入 7.6 亿元人民币。

（三）开展国家低碳工业园区、低碳社区等试点示范

开展国家低碳工业园区试点。2013 年 10 月，工业和信息化部与国家发展改革委联合开展国家低碳工业园区试点工作，研究制定相应的评价指标体系和配套政策，选择一批基础好、有特色、代表性强、依法设立的工业园区进行试点建设，推广一批适合中国国情的工业园区低碳管理模式，引导和带动工业低碳发展。目前第一批 55 家园区已经通过评审并正式纳入试点，正积极组织编制试点园区实施方案。

开展低碳社区试点。2014 年 3 月，国家发展改革委组织开展低碳社区试点工作，将低碳理念融入社区规划、建设、管理和居民生活之中，探索有效控制城乡社区碳排放的途径，推动城乡社区低碳化发展，研究制定《低碳社区试点建设指南》和《低碳社区试点评价指标体系》，研究低碳社区碳减排量核算方法学，积极推动相关法规制度建设。预计到"十二五"末，全国开展低碳社区试点达到 1 000 个左右，择优建设一批国家级低碳示范社区。

推进碳捕集、利用与封存试验示范。2013 年 4 月，国家发展改革委发布《关于推动碳捕集、利用和封存（CCUS）试验示范的通知》，扎实推进碳捕集、利用和封存试验示范工作。科技部发布《"十二五"碳捕集、利用与封存科技发展专项规划》，开展了二氧化碳化工利用关键技术研发与示范、二氧化碳矿化利用技术研发与工程示范、燃煤电厂二氧化碳捕集、驱替煤层气利用与封存技术研究与试验示范等 CCUS 科技支撑计划项目。科技部编制发布了碳捕集、利用和封存技术发展路线图，指导国内 CCUS 科研和产业发展。

开展亚太经合组织（APEC）低碳城镇示范。APEC 低碳城镇示范项目是中国领导人在 APEC 第十八次领导人非正式会议上向全球发出的重要倡

议，国家能源局、国家发展改革委、住房和城乡建设部等部门组织开展了APEC 低碳示范城镇推广活动，目前共有 26 个项目入选第一批项目库。

开展低碳交通运输试点。交通运输部继续做好天津、重庆、北京、昆明等 26 个城市的低碳交通运输体系建设试点工作，组织召开了绿色循环低碳交通运输体系建设试点示范推进会，指导 26 个试点城市落实试点实施方案，组织完成了第一批 10 个试点城市的书面调研总结工作，继续深化绿色循环低碳交通运输体系研究，初步提出了绿色循环低碳交通运输体系建设评价考核指标。

四、能力建设

2013 年以来，中国积极推动气候变化相关立法，开展应对气候变化重大战略研究，加强应对气候变化规划编制，完善气候变化相关政策体系，强化应对气候变化科技支撑，加快温室气体统计、核算和考核体系建设，应对气候变化基础能力得到明显提升。

（一）推动气候变化相关立法

加快推进应对气候变化立法工作。国家发展改革委与全国人大环资委、全国人大法工委和国务院法制办等应对气候变化立法领导小组成员单位联系沟通，加快推进应对气候变化立法。在深入开展立法需求调研、总结国内应对气候变化实践、借鉴国外立法经验、征求各相关单位意见的基础上，起草完成了应对气候变化法律框架草案，并进一步修改完善。

加强应对气候变化相关法规制定。北京、上海、天津、重庆、湖北、广东、深圳等省市制定了碳排放交易管理办法，推动碳排放交易市场健康发展。国家发展改革委联合国家认监委印发了《低碳产品认证管理暂行办法》，规范低碳产品认证活动。国家发展改革委制定发布了《单位国内生产总值二氧化碳排放降低目标责任考核评估办法》，对各地单位国内生产总值二氧化碳排放降低目标完成情况进行考核，对落实各项任务和措施进行评估。气象局启动了《气象灾害防御法》立法研究。

（二）加强重大战略研究和规划编制

开展应对气候变化重大战略研究。国家发展改革委牵头研究制定中国 2020 年后控制温室气体排放行动目标方案，组织论证中国二氧化碳排放峰值问题。国家发展改革委加快推进中国低碳发展宏观战略研究，支持开展了中国低碳发展宏观战略总体思路、中国能源低碳发展战略、中国 2050 年温室气体减排路线图以及中国低碳城镇化等重大课题研究，目前已形成系列专题报告和政策建议报告等阶段性成果，完成中国低碳发展宏观战略总体思路报告。国家气候变化专家委员会积极开展应对气候变化决策咨询，围绕"十三五"规划编制、国际谈判制度建设等方面开展战略研究。

加强应对气候变化规划编制工作。国务院批复并由国家发展改革委发布《国家应对气候变化规划（2014—2020 年）》，分析了全球气候变化趋势及对中国的影响、应对气候变化工作现状、面临的形势及战略要求等内容，提出了中国积极应对气候变化的指导思想和主要目标，明确了控制温室气体排放、适应气候变化影响等重点任务，并从实施试点示范工程、完善区域应对气候变化政策、健全激励约束机制、强化科技支撑、加强能力建设、深化国际交流与合作等方面提出政策措施和实施途径，确保规划目标任务落实。全国各地区积极开展省级应对气候变化专项规划编制工作，进一步明确和落实各项减缓和适应任务，目前已经有 20 多个省（自治区、直辖市）发布了省级应对气候变化规划。

（三）完善气候变化相关政策体系

2013 年 9 月，国务院发布《大气污染防治行动计划》，部署大气污染防治十条措施，突出重点、分类指导、多管齐下、科学施策，把调整优化结构、强化创新驱动和保护生态环境结合起来，用硬措施完成硬任务。2014 年 5 月，国务院办公厅印发《2014—2015 年节能减排低碳发展行动方案》，坚持用"铁规"和"铁腕"推进节能减排降碳，进一步硬化考核指标、量化工作任务、强化保障措施。全国各省（自治区、直辖市）、国务院各部门陆续出台了一系列应对气候变化相关政策性文件，应对气候变化政策体系得到进一步完善。

（四）强化应对气候变化科技支撑

2014 年 8 月，国家发展改革委发布《国家重点推广的低碳技术目录》，加快低碳技术推广和应用。科技部会同气象局等部门组织编制第三次《气候变化国家评估报告》，系统总结了中国气候变化科研成果；编制发布了《节能减排与低碳技术成果转化与推广应用清单（第一批）》，促进低碳技术推广应用；组织开展《"十二五"国家应对气候变化科技发展专项规划》落实检查，推动专项规划的执行和落实。环境保护部推动重点行业大气污染物与温室气体协调控制、生物多样性和水环境质量适应气候变化的研究和政策制定，提出了加强碳捕集利用封存环境管理以及防范页岩气开发中的气候风险的对策建议。国家林业局围绕生态系统碳机制、适应和减缓气候变化技术开发、碳汇计量监测等方面开展研究，取得重要进展。气象局继续强化气候变化基础性工作，组织实施"气溶胶 - 云 - 辐射反馈及其与亚洲季风相互作用的研究"等国家科技计划项目，完成了第一轮区域气候变化评估工作。国家海洋局开展了短期气候预测、二氧化碳通量监测和湿地固碳等领域的科学研究。交通运输部组织开展了行业温室气体排放清单编制指南和交通运输企业参与碳排放权交易政策研究。中科院扎实推进战略性先导科技专项实施，陆续启动实施了"应对气候变化的碳收支认证及相关问题"等战略性科技先导专项，启动"西部行动计划"专项研究。水利部完成了第一次全国水利普查工作，组织开展了"气候变化对黄淮海地区水循环的影响机理和水资源安全评估"等 10 余项水利应对气候变化重大课题研究。住房和城乡建设部组织实施了"中国北方既有居住建筑采暖能耗基准线研究项目"。

（五）稳步推进统计核算考核体系建设

完善统计核算体系。2013 年，国家发展改革委联合国家统计局发布了《关于加强应对气候变化统计工作的意见》，国家统计局研究制定了《应对气候变化统计工作方案》，建立了应对气候变化统计指标体系和《应对气候变化部门统计报表制度》，并会同国家发展改革委印发了《关于开展应对气候变化统计工作的通知》，组织成立了应对气候变化统计工作领导小组，要求各相关部门和行业协会加强组织领导，落实职责分工，确保数据质量。国家发展改革委研究建立了重点企（事）业单位温室气体排放报送制度，2014 年下发了《关于组织开展重点企（事）业单位温室气体排放报告工作的通知》，明确了报告主体、内容、程序及相关保障措施；正式发布化工、水泥、钢铁、有色、电力、航空、陶瓷等 10 个行业的生产企业温室气体排放核算方法与报告指南；推动碳排放权交易试点省市逐步完善核算核查制度，完成了企业碳排放核算工作，规范第三方核查工作。国家林业局初步建成了全国森林碳汇计量监测体系，具备了运用调查实测成果科学测算中国森林碳汇量的能力。

健全评价考核制度。2013 年 4 月，国家发展改革委组织对全国 31 个省（自治区、直辖市）2012 年度控制温室气体排放目标责任进行首次试评价考核，进一步加强了对控制温室气体排放相关工作的督促指导和政策协调。在认真总结 2012 年度试评价考核工作的基础上，2014 年 8 月，国家发展改革委组织修改完善并发布了《单位国内生产总值二氧化碳排放降低目标责任考核评估办法》，正式启动对省级人民政府碳强度下降目标的考核评估，督促各地区切实落实碳强度下降目标责任，确保实现"十二五"碳强度下降目标。

提升排放核算能力。围绕"摸清家底、支撑决策、支持工作"的核心任务，国家发展改革委推动在国家、地区和企业层面有序开展温室气体排放核算能力建设，取得了积极进展。开展第三次国家信息通报编制工作，做好上半年和全年单位国内生产总值二氧化碳排放下降目标完成情况的形势分析和预测，加强省级温室气体清单编制和碳强度测算能力建设，组织对全国 31 个省（自治区、直辖市）2005 年和 2010 年本地区温室气体排放清单进行评估和验收。

五、全社会广泛参与

2013 年以来，通过宣传材料、论坛会议、培训交流等多种途径及媒介，加强对低碳发展的引导，强化对低碳理念的宣传，逐步形成了全社会广泛参与的低碳发展格局。

（一）政府强化引导

2014 年 9 月，中国国家主席习近平特使、国务院副总理张高丽同志出席了联合国气候峰会并发表讲话，强调中国高度重视应对气候变化，愿与国际社会一道，积极应对气候变化的严峻挑战，在国际社会产生了广泛影响。2013 年 6 月 17 日，国家发展改革委和有关部门围绕首个"全国低碳日"联合举办了一系列活动，联合国秘书长潘基文参观气候变化主题展览并给予高度评价。2014 年，国家发展改革委会同有关部门继续组织开展了2014 年"全国低碳日"活动、天津夏季达沃斯论坛"气候变化：气候政策的新环境"分会、生态文明贵阳国际论坛"气候变化与未来地球"分论坛等，取得了良好的宣传效果。国管局会同国家发展改革委、财政部开展第一批节约型公共机构示范单位创建工作，共有 879 家公共机构成为示范单位。各地方政府举办了低碳知识科普大赛、主题展览、低碳案例征集、宣传低碳典型等活动，向全社会倡导低碳消费模式和生产方式，宣传地方低碳政策与行动。国家发展改革委会同有关部门组织联合国华沙气候变化大会"中国角"系列宣传活动，向国际社会展示了中国应对气候变化的积极行动。卫生计生委等部门组织开展"环境与健康宣传周"等活动，提高公众环境与健康意识，增强了公众应对极端天气的防护能力。国家林业局组织开发了两门林业应对气候变化远程培训课件。气象局组织了政府间气候变化专门委员会（IPCC）第五次评估报告宣讲会，举办了第十届气候系统与气候变化国际讲习班及多期气候预测培训班，并拍摄了纪录片《气候变化与粮食安全》。国家海洋局建立了"中国海洋与气候变化信息网"，广泛宣传海洋领域应对气候变化工作。国家认监委组织制作了公益广告和海报，推广低碳产品认证制度。

（二）社会组织带动

在国家发展改革委气候司指导下，国家信息中心与中国民促会绿色出行基金在杭州、宁波、镇江、保定等地联合主办了"低碳中国·院士专家行"活动，开展了"2014 年低碳中国行优秀低碳案例"评选活动，20 家优秀园区、社区、企业入选。国家应对气候变化战略研究和国际合作中心联合中国人民大学新闻与社会发展研究中心、气象局公共气象服务中心、中国绿色碳汇基金会举办了四期"应对气候变化媒体课堂"活动。中国科学技术协会指导、中国国土经济学会组织发起了"全国低碳国土实验区"活动。中国绿色碳汇基金会举办了第四届"绿化祖国·低碳行动"植树节，并组织了首届"中国绿色碳汇节·绿韵——竹乐器暨竹文化艺术展"活动，实施了第六届中国国际生态竞争力等重要会议的碳中和项目。中国民促会编制出版了《低碳生活案例手册》，收录了城市和农村衣、食、住、行、工作等领域的低碳生活案例。世界自然基金会以"蓝天自造"为主题，举办了"地球一小时"活动。

（三）公众广泛参与

随着应对气候变化教育、培训及宣传工作的持续开展，公众更为积极地参与低碳出行、低碳饮食、低碳居住、购买节能低碳产品等活动。各地广泛开展了以学校、机关、商场、军营、企业、社区为单位的节能减碳活动，号召人们树立"节能、节俭、节约"的工作、生活和消费理念。民政部举办了2014年国家综合防灾减灾与可持续发展论坛，各地采取发放各类宣传材料、举办培训及讲座、举行不同规模的演练、发送公益短信等形式，组织公众广泛参与。

六、国际交流与合作

气候变化是全人类面临的共同挑战，需要世界各国加强合作、共同应对。2013年以来，中国政府积极参与和推动与国际组织合作，加强与发达国家合作，深化南南合作，与各方一道应对气候变化。

（一）推动与国际组织的交流合作

中国继续积极开展与联合国开发计划署、联合国环境规划署、联合国基金会等机构，以及与世界银行、亚洲开发银行、全球环境基金等多边金融机构的交流与合作，稳步执行世界银行全球环境基金的"增强对脆弱发展中国家气候适应力的能力、知识和技术支持"项目及"中国应对气候变化技术需求评估"赠款项目，切实开展亚洲开发银行支持的"碳捕集和封存路线图"技援项目；参加由联合国基金会、全球清洁炉灶联盟秘书处召开的"全球清洁炉灶联盟"相关会议并开展国内试点活动；与全球碳捕集和封存研究院等相关组织举办碳捕集、利用与封存技术现场研讨会和实地考察活动。

（二）加强与发达国家的交流合作

中美两国元首均高度重视气候变化问题，在 2013 年两次会晤中就加强气候变化对话与合作以及氢氟碳化物（HFCs）问题达成重要共识，发表了《气候变化联合声明》，建立了中美气候变化工作组，确定在五个领域开展合作。2013 年 7 月，在第五轮中美战略与经济对话期间举行了两国元首特别代表共同主持的气候变化特别会议，召开了中美两国气候变化专家对话，深化了两国气候变化政策和双边务实合作的交流。通过利用包括《蒙特利尔议定书》专场和机制在内的多边方式削减氢氟碳化物，落实中美两国领导共识。2014 年 3 月荷兰海牙核安全峰会期间，中美两国元首举行会晤并就继续加强在气候变化领域对话与合作、推进中美气候变化工作组框架下务实合作达成共识。2014 年 7 月，在第六轮中美战略与经济对话期间举行了气候变化问题特别联合会议，并核准了中美气候变化工作组的工作进展报告。

国家发展改革委组织召开了中英、中德、中韩等气候变化工作组双边会议，推动有关框架协议签署和项目合作。通过中美、中欧、中澳等气候变化部长级磋商开展与发达国家的双边磋商，就气候变化国际谈判、国内应对气候变化政策和相关务实合作深入交换意见。继续执行与英国国际发展部和瑞士大使馆合作的"中国适应气候变化项目"和"中德气候变化项目""中意气候变化合作计划"等已有双边合作项目；与丹麦签订了《中华人民共和国国家发展和改革委员会和丹麦王国能源、气候和建筑部关于气候变化和能效领域合作的谅解备忘录》，建立了气候变化部长对话机制；开展中欧碳排放交易能力建设合作项目，加强了中欧在低碳城镇、低碳社区、低碳产业园区及控制温室气体排放方面的务实合作；召开中澳气候变化第三次部长级对话、中澳气候变化论坛，就双方务实合作等议题进行了广泛沟通和磋商；开展中国和新西兰双边对话活动，就国际谈判和双边合作等问题交换意见。国家发展改革委组织国家气候变化专家委员会有关专家开展中法、中美专家对话。中国参加了经济大国能源与气候论坛领导人代表会议、彼得斯堡气候变化部长级对话会、华沙会议部长级预备会等一系列气候变化相关的对话和磋商，积极就气候变化开展多边交流。

（三）深化南南合作

中国政府积极推动应对气候变化南南合作，在卫星监测、清洁能源开发利用、农业抗旱技术、水资源利用和管理、沙漠化防治、生态保护等领域加强与亚洲、非洲、南太平洋地区有关国家的合作，为发展中国家援助了 182 个应对气候变化类项目。根据 2012 年联合国可持续发展大会期间中国政府提出的在 2011—2013 年安排 2 亿元人民币开展应对气候变化南南合作的要求，2013 年与乌干达、多米尼克、乍得、巴巴多斯、安提瓜和巴布达等 9 个发展中国家有关部门签订了《关于应对气候变化物资赠送的谅解备忘录》，累计赠送节能灯 30 多万盏、节能空调 2 000 多台、太阳能路灯 4 000 余套、太阳能发电系统 6 000 多套、车载式卫星数据接收处理应用系统一套，并派驻技术人员到当地进行支持。2014 年 9 月，国务院副总理张高丽在联合国气候峰会上宣布，2015 年开始在现有基础上把每年的资金支持翻一番，建立气候变化南南合作基金，并捐赠 600 万美元支持联合国秘书长潘基文推动应对气候变化南南合作。举办了 28 期应对气候变化南南合作政策与行动研讨会、应对气候变化与绿色低碳发展研修班，总计培训了来自 114 个发展中国家的千余名应对气候变化官员和技术人员。

继续加强"基础四国""立场相近发展中国家"等磋商机制，与发展中国家开展联合研究，积极维护发展中国家利益。通过出席太平洋岛国论坛、落实 2012 年东亚峰会倡议中关于"建立东亚应对气候变化区域研究与合作中心"筹备等，积极开展区域性对话与交流，积极推动中国与其他国家智库之间的交流。科技部与联合国开发计划署（UNDP）共同启动了中国—加纳 / 中国—赞比亚可再生能源技术转移项目，促进非洲国家应对气候变化和实现千年发展目标。

七、积极推进应对气候变化多边进程

2013 年以来，中国本着合作共赢的原则，团结广大发展中国家，保持与发达国家的交流与沟通，积极参与国际社会应对气候变化进程，在当前气候变化谈判中发挥了积极建设性作用。

（一）积极参与公约下谈判进程

中国坚持以《联合国气候变化框架公约》和《京都议定书》为基本框架的国际气候制度，坚持公约框架下的多边谈判是应对气候变化的主渠道，坚持"共同但有区别的责任"原则、公平原则和各自能力原则，坚持公开透明、广泛参与、缔约方驱动和协商一致的原则。中国一贯以积极的建设性姿态参与谈判，在公平合理、务实有效和合作共赢的基础上推动谈判取得进展，不断加强公约的全面、有效和持续实施。

2013 年，中国继续积极参与联合国进程下的气候变化国际谈判，全面参与华沙会议下各议题磋商，积极引导谈判走向，推动会议取得成功。在中国等广大发展中国家努力下，会议通过了进一步推进德班平台的决定，为 2015 年如期达成协议奠定基础，并围绕落实巴厘路线图成果做出相关安排，在发展中国家关切的资金、损失和损害、议定书第二承诺期等问题上取得了一定进展。中国代表团在华沙会议期间创新传媒表达方式，举办多场形式新颖的"中国角"边会活动，向国际社会宣传介绍中国相关成就和政策，全面展现积极负责任的国际形象。

（二）积极参与其他多边进程

中国国家主席习近平在出席金砖国家领导人会议、"二十国集团"领导人峰会、亚太经合组织领导人峰会、第八届夏季达沃斯论坛等重大多边外交活动中，多次发表重要讲话，与各国元首共同推动积极应对气候变化、推动多边进程。2014 年 9 月，国务院副总理张高丽以习近平主席特使身份率团赴纽约参加联合国气候峰会，强调中国高度重视应对气候变化，愿与国际社会一道，积极应对气候变化的严峻挑战。积极参与政府间气候变化专门委员会第五次评估报告三个工作组报告和综合报告的政府评审工作。积极参与国际民航组织、国际海事组织、《关于消耗臭氧层物质的蒙特利尔议定书》、万国邮政联盟等国际机制下的谈判。积极参与"全球清洁炉灶联盟""全球甲烷倡议""全球农业温室气体研究联盟"等活动，推动公约主渠道谈判取得进展。

（三）利马会议基本立场主张

2014 年 12 月，《联合国气候变化框架公约》第二十次缔约方会议和《京都议定书》第十次缔约方会议将在秘鲁首都利马举行，距 2015 年巴黎会议新协议出台仅剩 1 年时间，是达成新协议之前的重要一站。中国支持 2015 年巴黎会议如期达成协议。一要坚持公约框架，坚持"共同但有区别的责任"原则、公平原则和各自能力原则，加强公约的全面、有效、持续实施。二要落实已有共识，兑现各自承诺，发达国家要切实提高减排力度，履行向发展中国家提供资金支持和技术转让的义务。三要强化目标行动，采取强有力的措施，积极应对气候变化。

中国将继续发挥积极建设性作用，与各国一道支持东道国秘鲁遵循公开透明、广泛参与、协商一致和缔约方驱动的原则，推动利马会议取得成功。

结　语

目前，中国仍处在工业化、城镇化和农业现代化进程中，发展经济、改善民生、保护环境、应对气候变化任务十分艰巨，能源需求和碳排放还将在一段时间内继续保持合理增长。但是，中国不会重复发达国家工业化时期无约束排放温室气体的传统发展道路，而要努力探索一条符合中国国情的发展经济与应对气候变化双赢的可持续发展之路。

2015 年是全面落实完成"十二五"规划各项目标任务的最后一年，中国政府将继续坚持节约优先、保护优先、自然恢复为主的方针，发挥市场在资源配置中的决定性作用，加快气候变化立法进程，完善制度和体制机制，全方位推动应对气候变化各项工作取得积极进展，确保实现"十二五"规划纲要确定的单位国内生产总值二氧化碳排放下降 17％和非化石能源占一次能源消费比重达到 11.4% 的目标。

　　"十三五"是实现中国共产党第十八次代表大会确定的全面建成小康社会目标的关键时期，也是中国积极应对气候变化、推进绿色低碳发展的关键时期，中国政府将以确保实现 2020 年控制温室气体排放行动目标为抓手，推动落实《国家应对气候变化规划（2014—2020 年）》各项目标任务，发挥低碳发展对于能源节约、优化能源结构、调整产业结构、生态建设和环境保护的引领作用，积极建设性地参与气候变化国际谈判，继续推进气候变化多双边对话交流与务实合作，为保护全球气候环境作出更大的积极贡献。

中国应对气候变化的
政策与行动

2014
年度报告

China's Policies and Actions for
Addressing Climate Change
2014 Annual Report

——分报告

专题报告——工作与政策篇

"十二五"应对气候变化工作中期
评估报告

根据《国家发展改革委关于开展"十二五"规划〈纲要〉中期评估工作的通知》（发改规划［2013］328 号）有关要求，我们在有关部门和地方"十二五"应对气候变化工作进展情况评估基础上，起草完成了本报告。

一、"十二五"应对气候变化工作面临的形势

党中央、国务院高度重视应对气候变化工作，明确提出把积极应对气候变化作为经济社会发展的重大战略，作为促进经济发展方式转变、促进经济社会可持续发展、推进新的产业革命的重大机遇，并采取了一系列重大政策措施，推动应对气候变化工作不断取得新进展。但与此同时，由于我国正处于工业化、城镇化加快发展的历史阶段，产业结构和能源消费结构不合理，经济发展方式转变滞后，"十二五"时期我国在应对气候变化、推动低碳发展方面面临严峻的国内外形势和巨大的挑战。

从国内来看，近年来我国经济快速发展，但粗放型发展方式没有根本转变，能源资源消耗大，高污染、高排放的问题十分突出，成为制约未来发展的一大"瓶颈"。目前我国单位国内生产总值能耗约为世界平均水平的 2 倍，2012 年国内生产总值占世界比重 11% 左右，但能源消费量已达36.2 亿吨标准煤，占世界能源消费量的 20% 左右，且仍在持续增长。超大规模的能源消耗不仅带来了大量的温室气体排放，也导致了严重的生态破坏和环境污染。资源环境约束的不断加剧已成为我国经济社会可持续发展

的重大制约因素。面对新形势、新国情，"十二五"时期应切实将应对全球气候变化作为经济社会发展的一项长期战略性任务，强化应对气候变化和低碳发展的倒逼引领作用，促进发展方式转变，推进产业结构和能源结构优化调整，强化能源资源节约和效率提高，切实增强我国可持续发展的能力。

从国际来看，气候变化国际谈判已经进入新的阶段，谈判焦点从主要针对发达国家逐渐转向重点针对排放大国，我国在国际谈判中面临的压力与日俱增。2012年，我国二氧化碳排放总量达80多亿吨，居世界第一位，人均排放已超过世界平均水平，接近欧盟的排放水平，部分经济发达地区的人均排放也已超过一些发达国家排放峰值时的人均排放水平。在这种情况下，发达国家刻意渲染排放格局的变化，突出我国排放总量和增量，试图借此改变以发达国家和发展中国家划分为基础的国际气候制度，重新解释"共同但有区别的责任"原则，要求建立适用于所有国家的减排新机制，并力推中国等发展中排放大国承担与发达国家性质相同的责任。面对如此国际形势，我国已不可能像发达国家工业化时期一样无限制排放温室气体，必须要在争取合理排放空间的同时，采取积极有效措施，努力减缓温室气体排放增速，合理控制排放总量。

二、中期实施效果整体评估

"十二五"前两年，在各相关部门和各级地方人民政府的共同努力下，在全社会的广泛参与下，"十二五"规划纲要应对气候变化各项工作实施效果良好，综合性、关键性指标均达到或接近阶段预期，主要工作进展顺利。

（一）控制温室气体排放阶段目标基本完成

2012 年全国单位国内生产总值二氧化碳排放较 2011 年下降 5.19%，"十二五"前两年累计下降 6.60%。全国除江苏、广西、宁夏、青海、海南和新疆外，其他 25 个地区均完成了"十二五"单位地区生产总值二氧化碳排放累计下降进度目标，其中完成较好的地区有广东、湖北、北京、天津、上海和云南等。但与此同时，青海、海南和新疆 3 个地区 2012 年单位地区生产总值二氧化碳排放量相比 2010 年水平不降反升。

（二）适应气候变化工作取得积极进展

适应气候变化逐步成为农业、林业、水资源、气象、卫生健康等部门工作的重要组成部分，有关部门通过加强研究、增加投入、完善政策、落实行动等措施，促进了我国适应气候变化能力的提升，各级地方政府也在积极开展适应气候变化行动，通过农村饮水安全工程建设解决了 7 000 万农村人口的饮水安全问题，有效地应对了北方冬麦区、长江中下游和西南地区接连发生的大范围严重干旱，减轻了气候变化对经济社会发展和人民生产生活的不利影响。

（三）国际合作成效显著

按照中央的统一决策部署，国家发展改革委牵头组织政府谈判代表团积极建设性地参与气候变化国际谈判，不负重托，不辱使命，较好地完成了坎昆会议、德班会议和多哈会议各项谈判任务，有效维护了我国和发展中国家的合理发展权益。广泛开展气候变化国际合作，南南合作取得了初步成效，树立了我国积极负责任的发展中大国形象。

（四）基础能力得到切实加强

针对应对气候变化能力建设薄弱环节，加强统计核算、教育培训、新闻宣传等工作，夯实应对气候变化工作基础。完成了 2005 年和 2008 年国家温室气体排放清单，编制完成并向公约秘书处提交了《气候变化第二次国家信息通报》，各省（区、市）基本完成了 2005 年清单编制，有的地区还编制了 2010 年排放清单。通过广泛的宣传和培训，公众的应对气候变化和低碳意识有了明显提高。

三、各项重点工作进展情况

（一）控制温室气体排放

1. 加强顶层设计

2011 年，国务院印发了国家发展改革委牵头编制的《"十二五"控制温室气体排放工作方案》，明确了到 2015 年中国控制温室气体排放的总体要求、主要目标、重点任务和保障措施。2012 年，国务院办公厅印发了《"十二五"控制温室气体排放工作方案重点工作部门分工》，对方案的贯彻落实工作进行了全面部署。全国所有地区均将碳强度下降目标纳入了本地区"十二五"规划，并制定了控制温室气体排放工作方案。大部分地区制定了考核工作方案，分解落实了"十二五"碳强度下降目标，云南、吉林、四川、内蒙古和江苏 5 个地区已发布了考核方案并开展了考评工作。全国所有地区均开展了温室气体清单编制和年度碳强度下降核算工作，初步摸清了本地区的温室气体排放状况。

2. 进一步强化节能降耗工作

国务院印发了《"十二五"节能减排综合性工作方案》，住房和城乡建设部、交通运输部、国务院机关事务管理局等部委相继发布了各自领域的节能减排规划、工作方案或实施意见。"十二五"前两年全国万元国内生产总值能耗下降 5.61%，其中，2011 年和 2012 年分别较上年下降 2.1% 和 3.6%；2012 年全国除新疆外其他 30 个地区均完成了节能目标，其中吉林、四川、河南和重庆 4 个地区的单位地区生产总值能耗下降率都在 7% 以上，位居前列。

3. 加快推进产业结构调整

国务院印发了《工业转型升级规划（2011—2015 年）》《"十二五"国家战略性新兴产业发展规划》，国家发展改革委修订并发布《产业结构调整指导目录（2011 年本）》《产业结构调整指导目录（2012 年本）》，工业和信息化部、国家发展改革委等有关部门联合印发了《关于印发淘汰落后产能工作考核实施方案的通知》。2012 年，全国第一、第二、第三次产业增加值占国民生产总值的比例分别为 10.1∶45.3∶44.6，服务业比重较 2010 年提升了 1.5 个百分点。全国多数地区服务业比重较 2011 年有所提高，其中上海、山东、海南、浙江和黑龙江等 23 个地区产业结构调整任务完成情况较好。

4. 积极推进能源结构调整

国务院印发了《能源发展"十二五"规划》，国家发展改革委会同国家能源局制定发布了《核电中长期发展规划（2011—2020 年）》《天然气发展"十二五"规划》《页岩气发展规划（2011—2015 年）》和《可再生能源发展"十二五"规划》，促进化石能源的清洁化利用，加快非化石能源发展。2012 年，水电、核电、太阳能发电等非化石能源占一次能源消费总量的 9.2%，非化石能源发电量超过 1 万亿千瓦时，占总发电量的 21.4%，煤炭占一次能源消费总量的比重降至 67.1%，能源消费结构进一步优化。

5. 控制工业领域温室气体排放

工业和信息化部联合国家发展改革委等印发了《工业领域应对气候变化行动方案（2012—2020年）》，发布了《产业转移指导目录（2012年本）》，组织开展了重点行业、重点产品强制性能耗限额标准以及内燃机等工业通用设备能效标准制修订工作。工业节能减排形势进一步好转，规模以上企业单位工业增加值能耗下降幅度大于预期目标，主要工业产品单位综合能耗有不同程度的降低，烧碱、水泥、粗钢、粗铜和电解铝等部分产品单位综合能耗达到国内先进值。

6. 控制建筑、交通等重点领域温室气体排放

建筑领域，住房和城乡建设部制定印发了《"十二五"建筑节能专项规划》《"十二五"绿色建筑和绿色生态城区发展规划》《关于加快推动我国绿色建筑发展的实施意见》，北方采暖地区既有居住建筑供热计量及节能改造和夏热冬冷地区既有居住建筑节能改造取得明显进展，可再生能源规模应用不断增强，绿色建筑与绿色生态城区建设稳步推进。截至2012年底，全国城镇累计建成节能建筑面积69亿平方米。交通领域，交通运输部制定了《交通运输行业应对气候变化行动方案》，印发了《交通运输行业"十二五"控制温室气体排放工作方案》，并继续深入组织开展"车、船、路、港"千家企业低碳交通运输专项行动，截至2012年底，交通运输部累计发布21批达标车型，发布达标车型近2万个，2012年全国新进入营运市场的达标车辆共276万辆，280个项目获得交通运输节能减排专项资金。

7. 努力增加森林碳汇

国家林业局制定了《林业应对气候变化"十二五"行动要点》，发布了《全国造林绿化规划纲要（2011—2020年）》和《林业发展"十二五"规划》，明确了今后一个时期林业生态建设的目标任务。全国大部分地区碳汇建设

取得积极进展，多数地区均在相关规划中提出了"十二五"林业发展目标，其中广东和云南明确提出了年度造林计划，并完成了年度目标任务。

（二）低碳发展试点示范

1. 推进低碳省区和低碳城市试点

在第一批 13 个低碳试点省市基础上，2012 年进一步确定了第二批 29 个低碳试点省市。目前除少数省还没有低碳试点城市以外，低碳试点工作已基本在全国开展。广东、湖北、天津、云南、重庆、陕西和辽宁作为国家第一批低碳试点省（直辖市），应对气候变化工作已取得了初步成效。北京等第二批 29 个低碳试点省（直辖市），各项试点工作也在稳步推进。

2. 启动碳排放权交易试点

上海、北京、天津、广东、重庆、湖北和深圳 7 个地区率先开展了碳排放权交易试点，并取得一定进展，深圳已正式启动上线交易。云南、江苏、四川、浙江、山东、湖南、广西和新疆 8 个地区也在低碳产品认证、低碳技术推广、统计体系建设等方面进行了有益尝试。

3. 开展相关领域试点示范

国家发展改革委印发了《国家发展改革委关于推动碳捕集、利用和封存试验示范工作的通知》，并会同相关部门积极研究制定支持火电、煤化工、油气等高排放行业开展示范项目配套政策。以公路、水路交通运输和城市客运为主，交通运输部先后两批选定天津等 26 个城市开展首批低碳交通运输体系建设试点。住房和城乡建设部会同国家发展改革委等有关部门启动绿色低碳重点小城镇试点示范，选定北京市密云县古北口镇等 7 个镇为第一批试点示范绿色低碳重点小城镇。住房和城乡建设部开展了绿色生态城区试点，截至 2013 年 8 月已批准了 21 个低碳生态城市和绿色生态城区。各地也结合自身特点，因地制宜地开展不同类型的低碳试点。

（三）适应气候变化

1. 不断增强农业领域适应能力

农业部印发了《农业部关于推进节水农业发展的意见》，下发了《关于印发〈全国土壤墒情监测工作方案〉的通知》。继续大力推动农田水利基本建设，提升农业综合生产能力，培育并推广产量高、品质优良的抗旱、抗涝、抗高温、抗病虫害等抗逆品种，2012 年全国主要粮食品种良种覆盖率达到 96% 以上。推广节水农业，依托国家旱作节水农业示范基地项目和财政专项，积极组织节水农业技术模式创新，农业用水效率均有所提升。

2. 全面提高水资源领域适应能力

国务院发布了《关于实行最严格水资源管理制度的意见》，批复了《全国重要江河湖泊水功能区划》《水利发展规划（2011—2015 年）》和《全国农村饮水安全工程"十二五"规划》。水利部完成了《全国地下水利用与保护》等多项水利规划，开展了水利应对气候变化影响的适应措施研究。全国各省区逐步落实最严格水资源管理制度，全部明确了水资源开发利用控制、用水效率控制和水功能区限制纳污 3 条红线控制指标，广东省还率先出台了《广东省最严格水资源管理制度实施方案》和《广东省实行最严格水资源管理制度考核暂行办法》。各省区水土流失防控工作逐步增强，其中福建省 2012 年成立水土保持工作领导小组，其"长汀经验"成为全国治理水土流失的典型。全国江河治理、枢纽水源、城市防洪等一批大中型重点水利工程和项目建设快速推进，大中型病险水库除险加固和农村水电建设工作也逐步推进。

3. 着力加强林业等生态系统适应能力

国家林业局发布了《林业应对气候变化"十二五"行动要点》，提出了 4 项林业适应气候变化主要行动，着力加强森林抚育经营和森林火灾、林业微生物防控，优化森林结构，改善森林健康状况，2012 年全国森林覆盖率达到 20.36%。强化自然保护区监督管理，截至 2012 年底，全国共建立各种类型、不同级别的自然保护区 2 669 个，总面积约 14 979 万公顷。加强国家重要生态区域和生物多样性关键地区保护，其中云南省、广东省相继出台了《生物多样性保护战略与行动计划》。加强湿地、荒漠生态系统保护，其中浙江省已完成《浙江省湿地保护规划》，天津市起草完成了《天津市湿地保护与管理条例》。

4. 全面提升海洋领域应对气候变化能力

国家海洋局组织开展了《海洋领域应对气候变化中长期发展规划（2012—2020 年）》等专题规划的编制工作。设立了"海洋可再生能源专项"支持相关技术研发及示范项目建设。全国 11 个沿海省份均已加强了海洋灾害的观测预警和应急管理工作，推进了海洋观测预报体系建设，开展了海洋碳循环监测与评估。广东省率先在全国建立用海项目海洋灾害风险评价制度，河北、山东等省制修订了本省海洋灾害应急执行预案，河北、广西等省强化了海洋与海岸带典型生态系统的养护与修复工作。

5. 强化气候监测、预估、应急预警工作

中国气象局启动了《"十二五"应对气候变化专项规划》编制工作，发布了《气候变化绿皮书：应对气候变化报告（2011）》《中国气候变化监测公报 2010》《气象部门应对气候变化技术指导手册 3.0 版》，并启动了气象灾害风险评估技术指南的编制工作。全国所有省份进一步完善了各类自然灾害的监测预警机制，开展了对极端天气气候事件及其衍生灾害的影响评估分析和监测预警。安徽、福建、河南、山东等省已编制气象灾害防御相关预案、规划、方案或条例，北京等城市应对暴雨灾害等极端天气能力得到提升。

6. 重视健康和灾害风险防范

"十二五"以来，卫生部每年年初与气象、水利、地震等部门举行自然灾害卫生应急工作会商会，有针对性地开展自然灾害卫生应急工作；印发了《关于加强饮用水卫生监督监测工作的指导意见》《全国城市饮用水卫生安全保障规划（2011—2020 年）》《关于进一步加强饮用水卫生监测工作的通知》和《2012 年国家饮用水卫生监督监测工作方案》，全面加强饮用水卫生监督监测工作。浙江省在全国率先完成农民饮用水安全工程任务，农村饮用水安全覆盖面达到 96% 以上。

（四）国际交流与合作

1. 国家层面

国家发展改革委牵头组织并积极建设性地参与了联合国等多边框架下的气候变化国际谈判，对外表明了我国的立场主张，维护了国家利益，宣传了我国的政策行动，树立了负责任国际形象，坚持了联合国气候变化框架公约及京都议定书体制，取得了一系列对我国有利的成果。积极利用"基础四国""立场相近国家""经济大国论坛"等机制，加强对话交流。与美国、欧盟、加拿大、澳大利亚、德国、挪威、英国、法国、意大利、日本、印度等国家签署了气候变化相关双边对话与合作文件，并积极落实，取得了良好效果。2011—2013 年，国家发展改革委安排应对气候变化南南合作专项资金 2 亿元，用于向小岛屿国家、非洲国家和最不发达国家赠送绿色低碳产品和为这些国家的政府官员和技术人员来华进行气候变化业务研修提供支持。推动和支持了清洁发展机制（CDM）项目合作，截至 2013 年 3 月底，我国政府共批准了 4 904 个 CDM 项目，其中有 3 481 个已经在联合国清洁发展机制执行理事会成功注册，预期年减排量约为 5.49 亿吨，约占全球注册项目年减排量的 65%。

2. 地方层面

各地方根据自身特点和需求分别与美国、英国、法国、瑞典等发达国家，以及与联合国开发计划署、联合国工业发展组织、世界银行、亚洲开发银行、全球环境基金等国际组织开展应对气候变化研究和能力建设等多方面合作。福建、广西、新疆等省（自治区）还开展了与东盟及世界其他发展中国家在南南合作机制下的适应气候变化国际合作。各省（自治区）也逐步加强同世界先进企业交流，广东省与西门子公司签署了谅解备忘录，深化发展低碳绿色建筑领域的合作；青岛市与苏伊士环能集团开展重化工业园区低碳基础设施合资合作。各省市积极拓展清洁发展机制项目新领域，厦门市开展全国首个建设领域规划类清洁发展机制试点。

（五）能力建设

1. 健全体制机制

成立了国家应对气候变化领导小组，中国国家总理担任组长，各地方均成立了由省级主要领导担任组长的省级应对气候变化领导小组，其中山西、辽宁、吉林、江西、湖北、广西、贵州、陕西 8 个省（自治区）还单独设立了应对气候变化处。河北省、四川省通过调整应对气候变化工作的组织和机构，进一步统筹组织、协调、部署应对气候变化及节能减排工作，增强应对气候变化的组织协调能力。

2. 加强规划编制和立法工作

国家发展改革委组织开展了《国家应对气候变化规划（2013—2020 年）》编制工作；加强对地方应对气候变化规划编制工作的指导，印发了《地方应对气候变化规划编制指导意见》；组织编制了《国家适应气候变化战略》。各省（自治区、直辖市）发展改革系统组织开展省级应对气候变化规划编制工作，部分规划已正式印发。国家发展改革委会同有关部门研究起草了应对气候变化法律框架。推进省级应对气候变化立法，为全国范围开展立法工作积累了经验。青海、山西等省颁布实施了应对气候变化地方法规。

3. 推进重大战略研究

国家发展改革委会同财政部等有关部门组织开展了中国低碳发展宏观战略研究项目，研究提出我国低碳发展宏观战略的分阶段目标任务、实现途径、政策体系、保障措施等，为加快推进低碳发展奠定理论和政策基础。浙江省、河南省、辽宁省组织开展了《浙江省应对气候变化战略研究》《河南省应对气候变化方案思路研究》和《辽宁省低碳发展实践路径研究》等。

4. 着力加大资金投入

利用开展清洁发展机制项目取得的国家收益设立了中国清洁发展机制基金，"十二五"前两年共安排基金赠款 4.6 亿元，支持应对气候变化能力建设活动。湖北、云南、广东、陕西和海南等地区均在财政预算中设立了低碳发展专项资金。山西、北京等地也从节能等其他专项资金中划拨了一部分支持应对气候变化工作。但从全国总体来看，多数地区尚未制定支持气候变化工作的配套财税政策和金融扶持政策。

5. 积极开展形式多样的气候变化宣传活动

编写出版《中国应对气候变化的政策与行动》2011 年、2012 年度报告。国务院决定自 2013 年起，将每年 6 月全国节能宣传周的第三天设立为"全国低碳日"。2013 年的首届低碳日以"美丽中国梦，低碳中国行"为主题，国家有关部门和地方各级政府通过发放宣传册、制作宣传展板、发送手机短信、开放气象科普教育基地等形式开展主题宣传活动普及气候变化知识、理念和政策，鼓励公众参与，推动落实控制温室气体排放任务。

四、应对气候变化工作存在的问题和不足

应对气候变化是一项长期任务。与面临的形势和任务相比，我国应对气候变化基础还相对薄弱，工作还存在不小的差距。

1. 全社会应对气候变化意识有待提高

全社会，特别是地方各级人民政府，还普遍存在片面追求经济增长、忽视资源环境承载力的错误发展理念，对气候变化问题严重性和紧迫性的认识仍不到位，控制温室气体排放任务十分艰巨，适应气候变化能力有待进一步提高。

2. 应对气候变化的法律体系尚不健全

目前我国仍然没有一部应对气候变化的综合性法律，缺乏对应对气候变化工作的法律支撑；虽已建立针对减排温室气体排放控制的若干规定和条例，但总体来看仍过于宏观，缺乏对具体工作的指导；尚未建立针对适应气候变化的相关规定和条例。

3. 温室气体排放控制力度有待加强

从国家层面来看，"十二五"前两年碳排放强度年均下降幅度低于 3.7% 的"十二五"碳排放强度年均下降预期目标，为完成"十二五"碳排放强度下降 17% 的约束性目标，"十二五"后半期碳排放强度年均下降幅度需达到 3.9% 左右，控制温室气体排放的任务十分艰巨。从地方层面来看，一些地区设定的控制温室气体排放年度目标偏低，部分地区的"十二五"单位 GDP 二氧化碳排放下降目标尚未进行地区分解。全国整体的温室气体统计核算能力偏弱，多数地区的温室气体排放统计体系建设尚处于起步阶段，能源消费结构等一些基础数据难以及时准确统计，一定程度上影响了温室气体排放核算工作。

4. 低碳试点示范工作仍有待加强

低碳省区和低碳城市试点工作虽已得到广泛开展，但试点示范效果还没有得到充分体现。碳排放权交易试点仍处在摸索阶段，低碳城镇、低碳产业园区、低碳社区试点工作进展缓慢。

5. 资金保障普遍缺乏

国家尚未设立应对气候变化或低碳发展专项财政资金，只有少数地区从节能减排专项资金中列支了一定比例用于应对气候变化能力建设等工作，但数额较小，且大多属于应急性的投入，缺乏稳定的资金保障。各地也普遍缺乏促进低碳发展和低碳试点示范建设的配套财税政策和相关金融扶持政策。

6. 技术支撑相对薄弱

我国在先进低碳技术的研发、应用、标准制定等方面仍远落后于世界发达国家，农业、林业、海洋等领域适应气候变化的部分关键技术、灾害预警技术等尚难以满足我国生态环境脆弱、气候灾害频发的国情。

五、进一步加强"十二五"应对气候变化工作对策方向

为完成"十二五"规划纲要确定的应对气候变化各项工作任务，需要进一步采取更有力的政策措施，加快建设有利于低碳发展的体制机制和政策体系，逐步形成政府、企业、全社会广泛参与的应对气候变化工作新局面。

1. 加强宣传教育和科学普及工作

继续组织开展有针对性的培训项目，不断提高各级政府官员对气候变化问题的认识，加强对应对气候变化工作的组织领导。通过媒体等多种方式，普及气候变化基础知识，提高全社会应对气候变化意识。

2. 强化目标责任

从 2013 年开始，组织开展"十二五"碳强度年度下降目标评价考核，并将考核结果上报国务院并向社会公开，加强对各地区落实碳强度下降目标的工作指导，督促各地完成"十二五"碳强度下降目标。

3. 完善法律法规和体制机制

健全应对气候变化法律政策体系，加快制定《应对气候变化法》，推动应对气候变化走上法制化轨道。尽快出台《国务院关于加强应对气候变化工作的决定》《国家应对气候变化规划（2013—2020 年）》《国家适应气候变化战略》等政策规划文件，为我国应对气候变化工作提供全面有效的宏观政策指导。

4. 加大财税政策支持力度

继续加大应对气候变化的资金支持力度，鼓励各级政府在财政预算中安排专门资金，支持应对气候变化试点示范、技术研发和推广应用、能力建设和宣传教育工作。加大应对气候变化的财税、金融政策创新，推动建立有利于应对气候变化的多元化风险融资机制，加强对应对气候变化项目融资风险的管控。积极发挥财政资金的杠杆作用和税收政策的引导效应，带动企业对应对气候变化相关技术和项目的投资。积极争取国际气候资金，稳定现有多边和双边气候资金来源渠道，将气候变化作为双边合作的重要领域。

5. 加快推进低碳试点示范工作

开展既有低碳省区和低碳城市试点工作经验的总结，鼓励各试点省区和城市根据自身条件强化碳排放控制目标，发挥低碳省区和低碳城市的表率作用。加快推进碳排放交易试点，为建立全国性碳排放交易市场积累经验。抓紧组织开展低碳产业园区、低碳社区、低碳商业等其他低碳试点示范工作，研究提出碳捕集、利用和封存试点示范方案。研究制定有利于推动各项低碳试点示范工作的政策机制和保障措施。

6. 加强统计核算工作

将温室气体排放基础统计指标纳入政府统计指标体系。建立健全涵盖能源活动、工业生产过程、农业、土地利用变化与林业、废弃物处理等领域，适应温室气体排放核算的统计体系。根据温室气体排放统计需要，扩大能源统计调查范围，细化能源统计分类标准。重点排放单位要健全温室气体排放和能源消费的台账记录。完善地方温室气体清单编制指南，规范清单编制方法和数据来源。构建国家、地方、企业三级温室气体排放基础统计和核算工作体系。

7. 加大科技支撑

充分发挥多部门、多学科力量，深入开展跨领域、可操作性强、应用前景广阔的减缓和适应气候变化关键技术的研究。开展全球环境监测、气候变化评估、未来全球气候变化趋势预测等基础理论研究，推进关键低碳技术自主研发，扩大先进低碳技术示范和推广，加速商业化进程。加强气候变化领域高科技人才的培养，强化技术研发、示范和应用的支撑体系建设。加强对国际先进低碳技术的学习和消化吸收，鼓励在加速引进国际先进低碳技术的基础上，有计划地提升我国自主科技创新能力。

8. 继续深入推进国际合作

坚持"共同但有区别的责任"原则、公平原则、各自能力原则，积极建设性地参与气候变化国际谈判，推动达成公平合理的国际气候制度，有效维护我国家利益和国际形象。深化与各国、相关国际组织对话交流，大力拓展应对气候变化国际合作渠道。推动气候变化南南合作机制化，不断加强对其他发展中国家，特别是小岛屿国家、最不发达国家和非洲国家应对气候变化的支持。

（撰稿人：刘强　曹颖　陈怡　田川　李晓梅）

我国低碳试点工作现状分析与建议

党的十八大报告提出"推进绿色发展、循环发展、低碳发展"和"建设天蓝、水清、地绿的美丽中国"的目标，必须树立尊重自然、顺应自然、保护自然的生态文明理念，着力推进绿色发展、循环发展、低碳发展，形成节约资源和保护环境的空间格局、产业结构、生产方式和生活方式，为我国的低碳发展指明了方向。开展低碳省区和低碳城市试点，有利于充分调动各方面积极性，在我国不同地域、不同自然条件、不同发展基础的地区探索符合实际、各具特色的发展模式，积累对不同地区和行业分类指导的政策、体制和机制经验，推动我国经济转型，实现绿色低碳发展的重要抓手。

2010 年 7 月 19 日，国家发展改革委下发文件，确定在广东、辽宁、湖北、陕西、云南 5 省和天津、重庆、深圳、厦门、杭州、南昌、贵阳、保定 8 个城市开展低碳试点，要求试点地区编制低碳发展规划，制定支持低碳绿色发展的配套政策，加快建立以低碳排放为特征的产业体系，建立温室气体排放数据统计和管理体系，倡导低碳消费和低碳生活理念。2012年 11 月 26 日，国家发展改革委下发《关于开展第二批低碳省区和低碳城市试点工作的通知》，确定了包括北京、上海、海南和石家庄等 29 个省市的低碳试点，除延续第一批低碳试点的五项工作要求外，对第二批低碳试点地区进一步要求明确工作方向和原则，提出把全面协调可持续作为开展低碳试点的根本要求，以全面落实经济建设、政治建设、文化建设、社会建设、生态文明建设"五位一体"总体布局为原则，进一步协调资源、能源、环境、发展与改善人民生活的关系，合理调整空间布局，积极创新体制机制，不断完善政策措施，加快形成绿色低碳发展的新格局，开创生态文明建设新局面。

经过四年的实践探索，试点省市因地制宜地开展了低碳发展实践工作，出台了一批政策措施和标准体系，加大了对低碳技术的创新支持力度，加强了温室气体排放清单和统计核算体系建设，加快建设低碳的生产体系和生活方式。部分地区开展了碳交易、低碳产业园区、低碳产品认证的试点，部分试点省市还设置了温室气体排放峰值目标，以倒逼产业结构调整和能源结构优化，控制煤炭消费和高耗能产业的发展，加快实现经济发展转型，寻求经济发展和能源之间脱钩的路径。

一、试点地区的总体情况和低碳发展现状

两批低碳试点地区包括 6 个省，36 个城市。2010 年，试点地区的 GDP 总量占全国的 57%，人口占全国的 42%，能源消费占全国的 58%，基于化石能源消费的二氧化碳排放占全国的 56%。从地域分布看，试点地区分布于北京、天津、保定、秦皇岛等城市所在的华北沿海地区，上海、苏州、杭州、宁波、温州、淮安、镇江等城市所在的华东沿海地区，重庆、贵阳、遵义、昆明等城市所在的西南地区，广州、深圳、厦门、赣州、海南等城市所在的华南沿海地区，另外还有乌鲁木齐、金昌等城市所在的西部地区，辽宁省、吉林市、呼伦贝尔市和大兴安岭地区等所在的东北地区。以上六个地区充分涵盖了我国华北、华东、华南三个经济发达地区，处于经济快速增长时期的西南地区，中西部经济欠发达地区以及东北老工业区。

试点地区充分涵盖了位于不同经济发展水平和碳排放水平的地区，包括低于平均水平、接近或稍高于平均水平以及显著高于平均水平的省市地区。2010 年，42 个试点地区中，共有 26 个试点省市的人均 GDP 高于全

国平均水平（2.99 万元 / 人），其中超过全国两倍的省市共计 11 个，人均 GDP 最高的 3 个城市分别为深圳（9.17 万元 / 人）、苏州（8.82 万元 / 人）和广州（8.75 万元 / 人）；人均 GDP 最低的 3 个地区分别为广元（1.30 万元 / 人）、赣州（1.34 万元 / 人）和云南（1.57 万元 / 人）。在碳排放方面，共有 30 个试点省市的人均碳排放水平高于全国平均水平（5.48 吨二氧化碳 / 人），其中碳排放水平超过全国两倍排放水平的省市共计 11 个，人均排放水平最高的 3 个城市分别为金昌（25.09 吨二氧化碳 / 人）、济源（24.24 吨二氧化碳 / 人）和秦皇岛（18.60 吨二氧化碳 / 人）。共有 26 个试点省市万元 GDP 碳排放水平高于或与全国平均水平（1.83 吨二氧化碳 / 万元）持平，共有 6 个省市的万元 GDP 碳排放水平超过全国平均水平一倍以上，排放水平最高的 3 个城市为秦皇岛（5.98 吨二氧化碳 / 万元）、金昌（5.00 吨二氧化碳 / 万元）和济源（4.80 吨二氧化碳 / 万元）（见图1）。

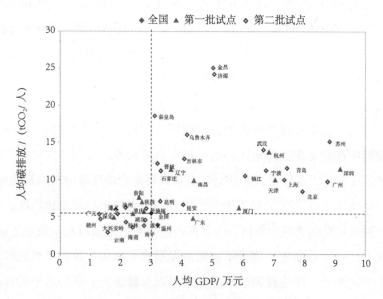

图1 试点地区的人均 GDP 和人均碳排放

通过采取综合的措施，试点地区在控制温室气体排放、推动低碳发展方面取得积极成效。首先，试点地区的社会经济发展水平逐步跨越全国平均线，率先实现经济增长水平的提高。经过一段时间的低碳发展探索，试点省市的社会经济增速并未放缓，说明试点地区在经济发展方式转型方面取得了一定成效。其次，控制温室气体排放成效显著。从全国 31 个省（区、市）2013 年度单位国内生产总值二氧化碳排放降低目标责任考核评估结果看，试点省市普遍表现良好，较好地完成了碳强度下降目标任务，碳强度下降幅度显著高于全国平均碳强度降幅。

二、低碳试点地区的政策措施及进展

（一）围绕峰值目标形成倒逼机制

除北京市外，所有第二批低碳试点地区均在实施方案中提出了实现排放峰值的年份，其中温州、石家庄和镇江 3 个城市提出在 2020 年前实现排放峰值，南平、青岛、济源、吉林、武汉和上海 6 个城市提出到 2020 年实现排放峰值，其他地区提出的峰值年份在 2020—2030 年（见图 2）。试点地区围绕峰值目标提出了相应的政策机制，例如，宁波市用峰值倒逼结构调整，特别是倒逼能源结构优化。在能源结构调整方面，宁波市创建了"禁煤区"，提出以燃煤为基础的电力行业不再新上燃煤电厂项目，以及以市中心区和县市区城区为重点，禁止销售和使用高污染燃料，企业淘汰高污染燃料设施，严格控制煤炭消费。在产业结构调整方面，宁波市将实现碳排放峰值目标和产业结构调整有机结合起来，提出"十三五"之后不再新上大型扩张性的石化项目，对照峰值目标实现的要求，倒逼高能耗产业控制和相对过剩、相对落后产能的调整优化。广州市也将越秀区、海珠区、荔湾区、天河区 4 个区设立为无燃煤区，并力争到 2015 年煤炭消费量实现零增长。

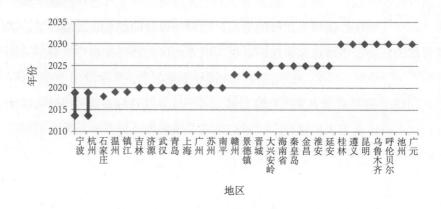

图2　试点地区提出的排放峰值年份

（二）加快体制机制建设和低碳发展制度创新

全国 42 个低碳试点省市已全部成立专门领导小组，保障相关工作的顺利开展，全面完成试点任务；部分省市还成立了低碳发展专家委员会，为低碳试点省市提供技术指导和支持；22 个省市编制完成了低碳（城市）发展规划、气候变化规划等规划文件，对未来的低碳发展道路做出了统一部署安排。发挥管理体制机制创新优势，实行精细化管理。上海市形成了市级行业主管部门和区县政府"部门联动、条块结合"的节能低碳工作管理模式，并根据试点实施方案和相关"十二五"规划，将节能低碳指标和任务分解至工业、建筑、交通、商务、机关、科教、卫生、旅游等相关部门和各区县，每年部署安排 200 多项具体工作任务，组织专门考核，且列入市人大监督检查的重点事项，实行定性和定量的综合管理。

（三）调整产业结构

结合自身特点，积极调整经济结构，提高高新技术产业比重，淘汰落后和过剩产能，是试点地区遏制温室气体排放的重要措施。每个试点地区均在实施方案中提出了调整产业结构的措施，并在实际工作中进行推进。例如，青岛市将产业转型升级作为向低碳经济转型的战略重点，推动产业结构调整与工业技术改造升级，加快发展低能耗、低排放的高端制造业、战略性新兴产业和现代服务业，大力发展低碳支撑产业，构建"以传统产业低碳化为主线，现代服务业为主体，高端制造业为支撑，战略性新兴产业为引领，现代农业为基础，低碳支撑产业为特色"的具有较高低碳竞争力的低碳产业体系。上海市依托技术科研和制造产业基础，推进关键低碳技术的试点应用和重点低碳产业装备的发展带动。温州市则以高污染、高能耗且低产出的"低小散"企业为突破口，淘汰落后产能，改造提升传统优势产业。保定市积极推进"先进制造业基地工程"和"现代服务业基地建设工程"，强调低碳的核心亮点是发展新能源与能源装备制造业。重庆市大力发展战略性新兴产业，特别是笔记本电脑产业实现"从无到有"，形成了高效生产体系；重庆市金融业发展迅速，并且在加快淘汰落后产能方面超额完成国家下达的目标任务。

（四）优化能源结构

试点地区以优化能源结构为核心，积极发展清洁能源和可再生能源，建设低碳能源供应体系。例如，广州市通过合理控制能源消费总量，严格控制煤炭消费，力争到2015年煤炭消费量实现零增长。宁波市通过优化能源结构实现碳减排，大力发展清洁能源，形成巨大的碳减排空间。温州市出台了《温州市人民政府关于扶持分布式光伏发电的若干意见》，设立了市级分布式光伏发电应用扶持专项资金，出台了扶持分布式光伏发电的政策，大力发展光伏发电。乌鲁木齐市探索低碳道路的方法之一就是进一步推进"煤改气"行动，发展可再生能源，走低碳能源发展之路。重庆市不断优化能源结构，按照总量平衡、优化结构、优先开发和外购非化石能源，促进构建低碳能源体系。

（五）加强温室气体排放数据的统计考核，建立企业碳排放报告制度和碳排放管理平台，加强温室气体排放清单编制制定工作

温室气体排放清单编制是低碳发展的基础性工作。大部分试点省市已完成温室气体清单编制工作，部分试点地区（北京市、厦门市、杭州市和淮安市）完成了 2005—2010 年分年度温室气体清单报告编制。在排放管理方面，部分试点地区发布了相关的政策和管理办法。例如，上海市下发了《上海市碳排放管理试行办法》，制定发布了《上海市温室气体排放核算与报告指南》以及钢铁、电力、石油化工、建材、有色、纺织造纸、航空运输、大型建筑、运输站点 9 个分行业的碳排放核算与报告方法，制定了《上海市 2013—2015 年碳排放配额分配和管理方案》，建立了碳排放报告系统工作和配额登记注册系统，出台了交易配套规则。镇江市在全国首创的低碳城市建设管理云平台，采用了云计算、物联网、地理信息系统、智能分析等信息化技术，整合了多部门的数据资源，实现了低碳城市建设相关工作的系统化、信息化和空间可视化，并以此为基础，对固定资产投资项目实施碳排放影响评估，全市从源头上控制了高耗能、高污染、高碳排放项目，红灯、黄灯、绿灯，直观的碳评估，构建了镇江产业发展的"防火墙"。

（六）探索多层次低碳发展试点示范

部分地区开展了碳交易、低碳产业园区、低碳产品认证的试点示范工作，并积极参加了国家各类相关试点示范。例如，北京市综合利用结构减碳、工程减碳、管理减碳等措施，围绕产业、建筑、交通等重点领域，深入实施了一批低碳节能改造工程，创建了一批低碳产业园区、低碳社区、低碳企业，实现了园区建设的量化管理和监督。广州市制定了《广州市低碳示范社区建设内容指引》，确定了低碳示范社区创建总体目标，并从社区碳管理、营造低碳文化、建筑低碳节能、水资源保护利用、低碳交通和出行、低碳消费、垃圾分类与资源循环利用、社区经济发展和健康食品9个方面列举了44项低碳社区试点的具体工作内容。杭州市开展低碳社区试点建设，从完善顶层制度设计着手，以理念创新为先导，以技术应用为支撑，以制度完善为保障，积极开展低碳社区的试点工作。杭州下城区是杭州市中心城区，也是全市首批低碳城区试点，区政府先后制定了《下城区"低碳社区"考核标准》《下城区"低碳社区"验收标准》《下城区低碳（绿色）家庭参考标准》等多项制度。

（七）因地制宜发展林业碳汇

试点地区将发展林业碳汇与建立生态城市相结合，加强植树造林，着力提高碳汇质量，增加森林蓄积量和碳汇。例如，厦门市围绕争创"国家森林城市"，建设国际知名的"花园城市"目标，以建设"美丽厦门"为抓手，大力实施"四绿"工程。云南省力争在经济发展的同时，保护生态环境，发挥地区资源能源优势，在发展绿色低碳产业进行了多样化的尝试和探索，推进"森林云南"建设，大力开展植树造林，启动实施陡坡生态治理工程，加强森林抚育经营和可持续管理，并且加强了城市绿地碳汇建

设。桂林市结合生态市建设规划，实施"绿满八桂"绿化造林工程和生态
修复工程，提高碳汇质量，有机结合石漠化治理、长江和珠江防护林等生
态工程，提高水土资源的永续利用率和碳汇林业。广州市也通过完善以绿
道网、生态景观带为重点的绿色生态体系建设，加强了林业碳汇建设。

三、低碳试点工作面临的挑战

（一）试点地区碳排放总量呈上升趋势，部分地区人均排放量过高

虽然试点地区均提出了二氧化碳排放或峰值目标，但一些第二产业
较为发达或能源输出型的城市面临能源消费需求仍然维持在较高水平的现
状，排放总量的攀升正随着工业化和城市化进程的快速推进进一步显现，
部分城市达到峰值时的人均排放将超过 15 吨二氧化碳 / 人，大大高于发达
国家达到峰值时的水平。这些城市面临着如何有效控制碳排放总量增长速
度和进一步降低单位 GDP 碳排放强度的挑战。

（二）产业结构高碳化特征明显，经济发展方式有待转型

尽管试点城市产业结构调整步伐不断加快，但传统高碳产业在国民经
济中依然占据较大比例，产业结构高碳化特征仍比较明显，持续的工业化
进程造成排放总量加速攀升趋势，经济结构转型有待加强，节能降碳工作
压力仍较大。

（三）化石能源在一次能源中的比重较高，优化能源结构的难度大

试点城市的能源消费结构仍以煤炭和原油为主，化石能源占一次能源

消费的 82% ～ 99%，部分试点城市化石能源占一次能源消费比重的 97% 以上，面临着可再生能源开发利用和降低化石能源占一次能源比重的严峻挑战。部分试点城市一次能源资源匮乏，煤炭、石油、天然气等一次能源全部依赖外地供给，这将对试点城市峰值目标的实现提出挑战。

（四）对低碳发展的认识有待进一步提高，能力建设有待加强

对低碳发展重视不足的问题归根结底是针对决策者设计的政绩考核指标对经济指标产生严重倾斜，需要国家改进对地方政府绩效的评价理念和考核指标。目前在低碳理念建设方面，缺乏专业性的基础知识培训已经成为地方相关工作推动中面临的重要"瓶颈"，部分决策者和从业者对低碳概念的理解千差万别，存在低碳知识理念理解的缺位，专业知识薄弱等问题。

（五）数据统计基础有待加强

目前，统计数据是各地低碳试点工作推进过程中普遍遭遇的"瓶颈"，基础数据的缺失制约着试点地区下一步工作方案的制订和减排指标的分配。一是部分数据来源口径不一引起的统计数据不匹配。二是规模以下企业并未被纳入国家统计体系，导致试点地区只能采用变通方法加以推算获得规模以下企业数据。三是基于企业层面的数据统计缺乏适用的法律依据，企业提供碳盘查报告义务相关法律规定的缺位，导致企业统计数据来源少、可信度低，这也无益于企业自发建立内部碳排查体系。

四、深化低碳试点工作的建议

（一）加强对试点工作的宏观指导和政策支持

一是研究制定关于深化低碳试点的指导意见，强化碳排放峰值目标对转方式、调结构、促改革的倒逼机制。二是积极协调有关部门，研究制定支持试点工作的价格、财税、金融等配套政策。三是推动试点省市结合节能评估审查建立新建项目碳排放影响评估及准入制度，将二氧化碳排放评价作为固定资产投资项目节能评估和审查的重要组成部分。

（二）进一步加强基础能力建设

一是加快应对气候变化法等法律法规建设进程。二是进一步落实《关于加强应对气候变化统计工作的意见》，加快建立温室气体排放数据统计和管理体系。三是制定出台重点企业温室气体排放核算报告指南，制定完善低碳产品认证标准、技术规范和认证规则，为试点省市探索相关制度创新提供法律、标准等基础。四是在现有的国际合作培训项目基础上扩大项目规模，组织试点省市从事气候变化工作的骨干学习发达国家先进经验。

（三）加强低碳发展经验交流和推广

一是加强对试点省市典型经验、先进做法和典型案例的总结和梳理。二是继续通过现场会等活动推广试点省市成功经验和做法。三是加强低碳试点和碳排放权交易试点经验的宣传、推广，发挥低碳试点在推动全国低碳发展中的先锋模范作用。

（撰稿人：丁丁　杨秀）

我国七省市碳交易试点工作进展、
总结与建议

    中国高度重视通过市场化手段控制温室气体排放。党的十八届三中全会强调加快生态文明制度建设，推行碳排放权交易制度。"十二五"规划纲要明确提出，"逐步建立碳排放交易市场"，《"十二五"控制温室气体排放工作方案》提出，"探索建立碳排放交易市场"。中央全面深化改革领导小组把建立全国碳排放权交易市场有关工作列为重点改革任务，要求加快推进碳市场建设。

    2011 年 10 月，国家发展改革委批准北京、天津、上海、重庆、湖北、广东和深圳 7 省市开展碳排放权交易试点工作，并计划在试点经验基础上建立全国碳排放权交易体系。7 个试点省市地域跨度从华北、中西部直至南方沿海地区，覆盖国土面积 48 万平方公里，人口总数约 2.46 亿，能耗和 GDP 分别占全国的 23% 和 27%。7 个省市在经济社会发展及产业结构、能源消费、温室气体排放等方面各不相同。例如，从产业结构上来说，北京、上海和深圳 3 个城市都是以第三产业为主，而天津、湖北、重庆和广东 4 个省市则以第二产业为主；湖北省和广东省的能源消耗远远高于北京、天津和深圳 3 个城市的能源消耗，2012 年广东省能源消耗分别约是北京市、上海市能源消耗的 4 倍，深圳市能源消耗的 12 倍；重庆、湖北、天津 3 个省市 GDP 增速较高，而北京、上海、广东和深圳 4 个省市的 GDP 增速相当且相对较低。碳市场试点 7 个省市既有共性，又有地区特性，通过建设各具特色的地方碳市场，为建立全国碳市场积累经验，做好政策、技术和能力建设上的准备。

一、碳交易试点进展

试点省市高度重视碳交易市场建设工作，开展了各项制度设计和建设工作，包括制定地方法律法规，确定总量控制目标和覆盖范围，建立温室气体测量、报告和核查（MRV）制度，分配排放配额，建立交易系统和制定交易规则，开发注册登记系统，设立专门管理机构，建立市场监管体系，进行人员培训和能力建设，初步形成了碳交易试点制度框架。在扎实开展各项工作的基础上，深圳碳市场于 2013 年 6 月 18 日首先启动，之后，上海、北京、广东、天津、湖北、重庆碳市场先后启动，开始上线交易。

（一）法律法规

各试点地区出台了针对碳交易的地方性法规、政府规章和规范性文件，确立了交易制度的目的、作用、管理体系和惩罚措施，使碳交易政策的实施具有约束力和可操作性（见表 1）。北京市和深圳市在较短的时间内就出台了效力较高的人大决定，其他试点地区以政府规章或部门规章等形式颁布了碳排放权交易管理办法。

表 1　各试点地区制定的法律和法规

试点地区	政策法规体系	性质
北京	市人大决定（2013—12） 碳交易管理办法（2014—5）	地方法规 政府规章
天津	碳交易管理办法（2013—12）	部门规章
上海	碳交易管理办法（2013—11）	政府规章
湖北	碳交易管理办法（2014—4）	政府规章
广东	碳交易管理办法（2014—1）	政府规章
深圳	市人大决定（2012—10） 碳交易管理办法（2014—3）	地方法规 政府规章

试点地区	政策法规体系	性质
重庆	市人大决定草案（2014—4） 碳交易管理办法（2014—5）	地方法规 政府规章

（二）总量目标和覆盖范围

试点地区结合社会经济实际情况、能源消费总量及增量目标、能源强度目标、二氧化碳排放强度目标和 GDP 增速等相关指标，并与企业历史排放数据相结合，通过自上而下和自底向上相结合的方式，确定了适度增长的量化控制目标（见表 2）。碳交易体系下的总量控制目标各地迥异，从深圳每年约 3 000 万吨二氧化碳到广东每年 3.5 亿吨二氧化碳不等。试点碳市场排放配额分别占各自地区碳排放总量的 40% ～ 60%。

表 2　试点地区碳市场总量和覆盖范围

试点地区	总量	行业与企业	门槛
北京	约 0.55 亿吨 CO_2，40%	电力热力、水泥、石化、其他工业企业、服务业，415 家企事业单位和国家机关	1 万吨 CO_2（2009—2012 年）
天津	约 1.6 亿吨 CO_2，50% ～ 60%	钢铁、化工、电力热力、石化、油气开采 5 大重点排放行业，114 家企业	2 万吨 CO_2（2009 年以来）
上海	约 1.5 亿吨 CO_2，40%	钢铁、石化、化工、有色、电力、建材、纺织、造纸、橡胶、化纤等工业行业以及航空、港口、机场、铁路、商业、宾馆、金融等非工业行业，191 家企业	工业行业：2 万吨 CO_2（2010—2011 年） 非工业行业：1 万吨 CO_2（2010—2011 年）
广东	约 3.5 + 0.38 亿吨 CO_2，58%（2013）3.7 + 0.38 亿吨 CO_2，50% 以上（2014 年）	电力、钢铁、石化和水泥，202 家企业＋ 40 家新建项目企业（2013 年）电力、钢铁、石化和水泥，193 家企业＋ 18 家新建项目企业（2014 年）	2 万吨 CO_2（2011—2012 年）

续表

试点地区	总量	行业与企业	门槛
深圳	约 0.3 亿吨 CO_2，40%	能源生产、加工转换行业和工业（制造）26 个行业和公共建筑，635 家企业＋200 栋大型公建	工业行业：3 000 吨 CO_2，大型公共建筑和国家机关办公建筑：10 000 平方米
湖北	1.91＋0.26＋1.1 共约 3.24 亿吨 CO_2，44%	电力、钢铁、水泥、化工、石化、汽车及其他设备制造、有色金属及其他金属制品、玻璃及其他建材、化纤、造纸、医药、食品饮料 12 个行业，138 家企业	6 万吨标煤（2010—2011 年）
重庆	约 1.3 亿吨 CO_2，40%	电力、冶金、化工、建材等多个行业，254 家企业	2 万吨 CO_2（2008—2012 年）

结合经济和能源消费结构，各地碳市场确定了覆盖的行业和控制温室气体排放，基本特点是呈阶段性扩展趋势。在初期阶段，所有地区的高能耗行业，如电力和热力、化工、钢铁、建材、有色、石化、油气开采等都被纳入。在试点城市中由于大部分城市第三产业耗能比重较大，因此也将商业、宾馆、金融等服务行业和建筑行业纳入。截至目前，试点碳市场覆盖行业 20 余个，纳入企业的年排放门槛从 5 000 吨到 12 万吨不等，其中深圳市门槛最低，湖北省最高。在管控温室气体种类上，只有重庆市纳入了 6 种温室气体，其他地区均明确现阶段只管控二氧化碳。

（三）排放的测量、报告与核查

根据碳交易体系确定的覆盖范围，各地方开发了分行业的测量和报告指南或者地方标准，规范了测量和报告的方法和形式（见表 3）。例如，上海市制定了包括 9 个行业的核算指南，重庆市开发了行业核算通则。由于各地实际情况不同，不同地区的指南方法在行业定义、排放计算边界、监测计划、参数选取、数据测量方法、质量控制等技术方面的要求都不尽相同。为了保证数据的准确性，各地区普遍要求对企业报送的历史数据和遵约年数据进行严格的第三方核查，以保障数据的科学性、准确性，从而提高碳交易制度的可信度。北京市还实行了核查员备案，并对第三方核查报告再进行独立评审，确保核查效果和数据质量。

表3 各试点地区碳市场排放测量、报告和核算标准

碳市场	技术标准、指南	核查机构	电子报送系统
北京	6 个行业排放核算和报告指南 核查指南，核查机构管理办法，复审	19 家	√
天津	5 个行业排放核算指南 1 个排放报告指南	4 家	纸质
上海	通则＋9 个行业的排放核算和报告指南 第三方核查机构管理办法	10 家	√
广东	通则＋4 个行业排放报告和核查指南	16 家	√
深圳	核算和报告指南 核查指南 对建筑物的核算方法和报告的特殊要求	21 家	√
湖北	通则＋11 个行业排放核算方法和报告指南 核查指南、第三方核查机构管理办法	1 家	√
重庆	核算和报告指南 MRV 细则 核查工作规范	11 家	√

（四）配额分配

通过自底向上收集排放源数据和自上而下确定年度排放目标，各地确定了包括由现有企业配额、新增产能配额和调控配额组成的排放总量配额（见表 4）。试点省市中广东省要求企业必须按照政府定价购买（采用定价拍卖的形式）其配额总量的 3%，其他地区均将配额免费分配到企业，但预留拍卖形式。2014 年 8 月，广东省对有偿配额发放的规则作出调整，2014 年配额拍卖不再要求控排企业强制参与，且允许投资机构参与竞拍，

同时还创新设计了阶梯低价。在配额发放方面，大部分地区采取年度发放的形式，上海市则采用一次性分配配额的方法。

表4　各试点地区碳市场配额分配方法

碳市场	方法	拍卖	免费
北京	历史法和基准线法		逐年分配
天津	历史法和基准线法		逐年分配
上海	历史法和基准线法	2014 年 6 月 30 日拍卖 7 220 吨	一次性发放 3 年配额
广东	历史法和基准线法	2013 年：3%，已拍卖 5 次共 1 112 万吨； 2014 年：电力行业 5%，其他行业 3%，计划拍卖 800 万吨	逐年分配
深圳	制造业：竞争性博弈法 建筑业：排放标准	2014 年 6 月 6 日拍卖 7.5 万吨	逐年分配
湖北	历史法、基准线法	政府预留 30% 配额拍卖 2014 年 3 月 31 日拍卖 200 万吨	逐年分配
重庆	政府总量控制与企业 竞争博弈相结合		逐年分配

对于配额发放的方法，各地对多数行业的企业采用"历史法"分配配额，即根据过去 2～3 年的排放量和初步的预测分配 2013—2015 年配额。部分地区对于数据条件较好、产品单一的行业，如电力、水泥等行业企业采用了"基准法"分配配额。深圳市创造了竞争博弈法和绩效奖励法，将二氧化碳排放强度下降与配额分配相结合，以确保实现具有约束力的地方二氧化碳排放强度目标。除重庆市外，其他试点地区对新增排放也进行控制，有些地区采用先进值方法分配新增排放配额，也有地区根据实际排放需要分配。多数试点地区都制定了配额调整机制，使配额总量和企业分配量都有可调节的灵活性。

（五）交易制度

试点地区先后建立了 7 个交易平台作为碳交易试点的指定交易场所，交易品种主要为地方配额和中国核证减排量（CCER），北京市还允许交易节能量和森林碳汇量。大部分地区规定必须采用场内交易模式，个别地区允许大宗交易场外协议转让。另外，各地规定遵约企业、机构和个人可以参与交易。各地主要采取公开竞价和协议转让的方式由市场决定配额价格。

（六）监督管理

各试点地区对碳交易的参与主体都制定了严格的监管措施，对控排企业的遵约、参与主体、参与碳交易等均作出了详细的规定。试点地区各自都建立了注册登记系统，对配额总量、企业分配配额和遵约进行信息化管理。如果企业没有履行报告、核查和上缴配额等责任义务，将依照地方法规和政府规章进行处罚，处罚幅度各地不同。同时，第三方核查机构如有作假等不当行为也将得到相应的惩罚。

（七）履约情况

截至 2014 年 7 月底，深圳、上海、北京、广东、天津碳市场分别完成了第一个履约期。深圳碳市场的第一个履约期约为 12 个月；上海、北京、广东、天津碳市场第一个履约期约为 7 个月时间。深圳、上海、北京、广东和天津碳市场的履约率分别为 99.4%、100%、97.1%、98.9% 和 96.5%。从二级市场成交量来看，5 个履约碳市场的成交量均超过百万吨，北京碳市场成交量最高约 161 万吨二氧化碳，天津碳市场成交量约 106 万吨二氧化碳。北京、上海、天津、深圳碳市场除采用公开交易外还采取了协议交易，例如，北京碳市场场外交易量约为 102 万吨二氧化碳，约为场内交易量的 2 倍；上海场外交易量约 50 万吨，约为公开交易量的 1/3。由此可见，场外交易正逐渐成为碳交易市场的一种重要交易形式。

就配额价格而言，初始交易价格是根据减排成本和企业调查的结果确定的，其中深圳、上海和天津的开盘价格相近，反映了市场预期，而北京和广东的市场价格较高，这主要是受到地方减排成本和政府导向的影响。随着 2013 年排放状况的清晰和遵约期临近，很多企业的配额出现缺口，因此买单需求增加，但由于一些卖家惜售，使得上海、天津等地的配额价格出现较大幅度的上涨。深圳碳市场的第一履约期内（2013 年 6 月 18 日—2014 年 6 月 30 日）配额成交量约为 145.8 万吨，成交额 1.06 亿元，平均价格约为 73 元 / 吨二氧化碳，控排企业履约率为 99.4%。上海碳市场在第一履约期内（2013 年 11 月 26 日—2014 年 6 月 30 日）配额成交量约为 155.346 万吨（包括 SHEA13、SHEA14 和 SHEA15），成交额 6 091.72 万元，平均价格约为 39 元 / 吨二氧化碳，控排企业履约率为 100%。北京碳市场在第一履约期内（2013 年 11 月 28 日—2014 年 6 月 27 日）配额成交量约为 161 万吨，成交额约为 711 万元，控排企业履约率为 97.1%。天津碳市场在第一履约期内（2013 年 12 月 26 日—2014 年 7 月 25 日）配额成交量约为 105.7 万吨，其中协议交易 82 万吨，成交额约为 5 000 万元，配额平均价格最低约为 29.6 元 / 吨二氧化碳，控排企业履约率为 96.5%。广东碳市场在第一履约期内（2013 年 12 月 19 日—2014 年 7 月 15 日）配额成交量约为 1 231 万吨，累计成交额 7.32 亿元，有偿竞价平台拍卖 1 112 万吨，成交额约 6.67 亿元，二级市场成交 119 万吨，成交额 6 532 万元，控排企业履约率为 99.97%。

各试点碳市场采用了不同的政策措施推动控排企业完成碳市场履约。例如，北京碳市场加强了执法监察，以执法推动控排企业履约，并对未履约企业施行 3 ～ 5 倍平均配额价格的罚款；上海、广东和深圳碳市场除了对未履约企业进行罚款和扣除配额等处罚外，还将未履约企业纳入征信系统管理，并将取消其享受的节能减排激励政策，包括享受财政补贴、限制其参与项目申请等。另外，为了保障控排企业完成履约，广东和天津碳市场还推迟了履约日，上海和深圳碳市场还拍卖了部分配额。

碳市场对控制试点地区温室气体排放初见成效。深圳参与碳市场管控的 635 家企业与基准年 2011 年相比共减排 370 万吨二氧化碳，二氧化碳排放量同比降低 11%；制造业企业万元工业增加值排放强度降低 23%，提前完成"十二五"下达的深圳市二氧化碳强度减排目标。北京市 2013 年参与碳市场管控的重点排放单位碳排放总量同比下降了 4.5% 左右，约 270 万吨二氧化碳，为北京市 2013 年万元地区生产总值二氧化碳排放同比下降 6.69%、超额完成 2.5% 的年度目标作出了贡献。

（八）温室气体自愿减排项目发展

为保障自愿减排交易活动有序开展，并为建设碳市场积累经验、奠定基础，2012 年 6 月，国家发展改革委颁布了《温室气体自愿减排交易管理暂行办法》。2012 年 10 月，国家发展改革委颁布了《温室气体自愿减排项目审定与核证指南》，进一步明确了温室气体自愿减排项目审定与核证机构的备案要求，工作程式和报告格式。截至 2014 年底，国家发展改革委已经分批总计公布中国温室气体自愿减排方法学 178 个，备案方法学数量多、覆盖面广，基本涵盖了所有的联合国清洁发展机制方法学范围。目前我国已经基本构建了温室气体自愿减排项目的政策法规体系和技术支撑体系，对于推动我国温室气体自愿减排交易和碳市场建设都有重要的意义。

两年多来，我国温室气体自愿减排项目（以下简称 CCER 项目）已经有了长足发展。截至 2014 年 11 月，已经累计公示审定 CCER 项目共 413

个，它们主要来源于以下四种类型：1）采用在国家发展改革委备案的温室气体自愿减排方法学开发的 CCER 项目，共 194 个项目，预计减排量约 1 793.8 万吨二氧化碳 / 年；2）获得国家发展改革委批准为清洁发展机制项目但未在联合国清洁发展机制执行理事会注册的项目，共 32 个项目，预计减排量约 461.2 万吨二氧化碳 / 年；3）获得国家发展改革委批准为清洁发展机制项目且在联合国清洁发展机制执行理事会注册前产生减排量的项目，共 167 个项目，预计减排量约 7 167 万吨二氧化碳 / 年；4）在联合国清洁发展机制执行理事会注册但减排量未获得签发的项目，共 20 个项目，预计减排量约 1 788.4 万吨二氧化碳 / 年。CCER 项目分属新能源和可再生能源、甲烷回收、节能和提高能效、燃料替代、垃圾焚烧发电、造林和再造林领域；其中新能源和可再生能源项目数最多，占总项目数约 75%，包括风电项目 132 个，水电项目 82 个，光伏发电项目 65 个和生物质发电项目 32 个。2014 年 11 月 25 日，国家发展改革委首次签发了 10 个 CCER 项目核证减排量共计约 649 万吨，它们均属第三类项目包括风电项目 4 个，合计 CCER 约 140.4 万吨；水电项目 6 个，合计 CCER 约 508.8 万吨。CCER 项目来自全国的 31 个省（区市），其中新建、湖北、云南、四川、广东是项目较多的省（区），碳市场试点地区均有 CCER 项目。

温室气体自愿减排交易是我国试点碳市场建设的重要内容。7 个省市试点碳交易市场均将温室气体自愿减排交易作为碳排放权交易补偿机制的主要形式，并对用于排放权配额抵消的 CCER 作了具体规定（见表 5）。另外，随着我国碳交易试点工作的顺利展开和进一步深化，基于 CCER 的碳金融衍生品逐渐成为各方关注的亮点。随着全国碳排放权交易市场的建立，温室气体自愿减排项目及其交易将在我国碳市场建设和创新发展中显现出重要作用。

表5　试点地区碳市场使用 CCER 作为配额抵消的政策规定

试点碳市场	使用 CCER 作为配额抵消的政策规定		
	使用比例	限制条件	与配额的关系
北京	用于抵消排放配额的 CCER 不得高于当年排放配额数量的 5%	全市每年的抵消总配额中，市内开发项目获得的 CCER 必须达到 50% 以上。市外开发项目的开发地优先考虑西部地区	1 吨二氧化碳当量 CCER=1 吨二氧化碳排放配额
天津	用于抵消排放配额的 CCER 不得高于当年排放量的 10%	CCER 没有地域来源、项目类型和边界限制	1 吨二氧化碳当量 CCER=1 吨二氧化碳排放配额
上海	用于抵消排放配额的 CCER 不超过该年度企业通过分配取得的配额量的 5%	不能使用在企业自身边界内产生的 CCER 用于排放配额抵消	1 吨二氧化碳当量 CCER=1 吨二氧化碳排放配额
重庆	用于抵消排放配额的 CCER 不超过该年度企业审定排放量的 8%	对 CCER 产生的地域没有限制。减排项目应在 2010 年 12 月 31 日后投入运行，且属于以下类型之一：节能和提高能效，清洁能源和非水电可再生能源，碳汇，能源活动、工业生产过程、农业废弃物处理等领域减排	1 吨二氧化碳当量 CCER=1 吨二氧化碳排放配额
湖北	用于抵消配额的 CCER 最高不超过企业初始配额的 10%	CCER 产生于本省行政区域内，并且是在纳入碳市场控排管理企业边界范围外产生的	1 吨二氧化碳当量 CCER=1 吨二氧化碳排放配额
广东	用于抵消配额的 CCER 最高为上年度企业实际排放量的 10%	省内开发项目获得的 CCER 必须至少为 70%，控排企业单位在其排放边界范围内产生的 CCER 不得用于抵消	1 吨二氧化碳当量 CCER=1 吨二氧化碳排放配额
深圳	用于抵消配额的 CCER 最高为企业年度排放量的 10%	控排企业单位在其排放边界范围内产生的 CCER 不得用于抵消	1 吨二氧化碳当量 CCER=1 吨二氧化碳排放配额

二、碳交易试点的成就

　　7 个试点省市在利用市场机制应对气候变化、控制温室气体排放方面采取了实质行动，创新了制度和体制，为国家碳交易市场机制设计和构建提供了基础、借鉴和启示，主要体现在以下几个方面：

（一）推动地方落实控制温室气体排放行动目标

试点省市出台了针对碳交易的地方性法规、政府规章和规范性文件，规定了市场参与主体的责任、义务和惩罚机制，使碳交易政策成为具有强制性、约束力和可操作性的减排工具。另外，试点地区结合实际情况、能源消费总量目标、增量目标、二氧化碳排放强度目标和 GDP 增速等相关指标，并与企业历史排放数据相结合，通过自上而下和自底向上的方式，确定了碳交易体系广泛的行业覆盖范围和量化控制目标，对地方完成"十二五"期间二氧化碳排放强度目标起到重要作用，具有很强的示范意义。

（二）加强了基础能力建设

真实准确的企业排放报告、电子化信息、报送、配额登记簿以及交易系统的运行都是碳交易政策实施的技术支撑体系。各试点地区制定了分行业的排放量测量与报告的方法和指南以及第三方核查规范，建立了企业排放信息电子报送系统、遵约登记簿，成立了交易所和交易系统，使各相关参与方的意识和能力大幅度提高。试点地区数千家企业报告了近 3 年排放相关数据，使地方政府初步掌握了企业和行业的排放状况，为制定气候变化决策和减排措施提供了有力的技术支撑。

（三）带动相关产业发展

企业报送排放相关信息、减排措施的策划与实施、企业排放报告的核查、碳资产的管理、碳金融产品的开发、碳交易咨询服务等都需要专业知识与服务，因此各试点地区涌现了一批从事碳交易服务咨询相关的专业机构和人员，使各地应对气候变化服务业水平逐渐提升。

（四）企业意识显著提高

参与碳交易机制的各地企业单位，在碳交易政策准备和实施过程中其应对气候变化、碳排放核算、报告和核查、碳资产管理和减排市场机制等方面的意识、知识和能力得到了明显提高。企业正在逐渐接受温室气体（GHG）排放总量管制，并认识到温室气体排放空间的稀缺性，逐渐开展碳资产管理，积极应对碳交易。

三、碳交易试点存在的问题

（一）亟待加强政策法规建设

7个试点碳市场中，仅北京市和深圳市出台了人大决议保障碳市场建设。由于地方法规效力有限，对违规和未遵约主体的处罚标准不高，使碳交易政策的强制力受到一定影响。

（二）亟待加强排放测量、报告和核查基础

通过对试点地区调查发现，我国温室气体排放测量、报告和核查（MRV）基础较弱，数据质量和方法学需要在实际应用中不断改进、完善，以提高数据的准确性和可信度。

（三）亟待增强碳交易市场活跃度

试点初期，各试点省市都本着"稳中求进"的原则，以防范金融风险作为第一要务，采用单一的二氧化碳配额现货品种开展交易，且在本省市内开展交易，涵盖的企业有限，交易市场活跃度不高。

（四）亟待加强碳交易能力建设

碳排放核算与报告、排放配额的发放和遵约制度要求企业必须科学管理并采取各种可能的技术或市场手段控制温室气体排放，但是部分企业单位对碳交易认识不足，缺少碳资产管理的意识和能力。另外，各地缺乏足够数量的咨询、核查机构和人员来应对目前日益活跃的碳交易市场，急需国家和地方政府加强对企业的能力建设，培育扶持碳服务业的发展。

四、下一步工作建议

（一）加强对碳排放权交易试点的总结和评估

评估碳排放权交易试点进展，总结试点经验和存在的问题，加强与企业的沟通交流。加强对试点交易过程的监督和评估，抓好试点的履约，规范履约机制，严格违约惩罚，确保试点发挥对低碳发展的推动作用。

（二）加强政策法规体系建设

推动碳排放权交易立法，尽快出台交易市场具体实施细则，对碳排放配额设置和分配、抵消机制、市场调控、报告核查、机构建设、市场监管和风险防控等作出细化规定，推行全国范围内的企业温室气体排放报告制度。

（三）加快全国温室气体排放在线直报制度建设

完成我国行业温室气体排放核算方法学开发，完成行业温室气体报告核算方法学和报告指南编制，建立我国温室气体排放核算和报告技术以及政策支撑体系。在此基础上，加快建设国家、省区市和企业三个层级的全国温室气体排放信息化网络，加强温室气体排放报送系统与能源消耗报送系统的对接和互检。

（四）建立健全温室气体排放第三方核查机制

加强第三方核查政策法规支撑体系建设，推动温室气体排放第三方核查立法工作，制定第三方核查机构和核查工作管理办法。加强第三方核查技术支撑体系建设，制定第三方核查工作规范和标准。推动第三方核查市场化建设，建设规范的第三方核查服务市场。确保试点企业排放数据和市场交易数据的真实性，加大违规企业惩罚力度，加强第三方核查机构的队伍和能力建设。

（五）加强碳资产管理和碳交易能力建设

逐步在控排企业建立碳资产管理制度，开展针对政府官员、企业管理者和碳资产管理从业人员等不同需求的碳资产管理和碳交易培训，鼓励探索开发碳金融衍生品，鼓励创新碳资产交易产品和方式。

（撰稿人：张昕　郑爽）

我国低碳工业园区试点
工作进展、总结与构想

自 1979 年第一个工业园区设立伊始，我国产业园区得到快速发展。截至 2014 年 6 月，全国共创建国家级产业园区 466 家，省级产业园区 1 165 家。根据统计数据，2013 年，仅国家级经济技术开发区（215 家）及国家级高新技术产业开发区（114 家）就实现了工业增加值 6.7 万亿元，约占全国工业增加值的三分之一。产业园区已成为拉动我国经济发展的重要引擎。与此同时，由于产业园区的发展初期正值我国处于工业化发展的初期阶段，产业园区管理较为粗放，引入了大量"高耗能、高污染和资源型"等"两高一资"企业，以国家级经济技术开发区为例，其中绝大部分园区涉及高耗能产业，2012 年，171 个国家级经济技术开发区中涉及化学原料和化学制品制造业的园区有 131 个，占 77%；涉及黑色金属冶炼和压延加工业的园区有 101 个，占 59.1%；涉及有色金属冶炼和压延加工业的园区有 104 个，占 60.8%。总的来说，产业园区在支撑经济腾飞的同时，也带来了巨额的能源消费以及由此引起的严重环境污染和大量的二氧化碳排放。

作为承载经济发展和碳排放的共同载体，在我国积极推进低碳发展的大背景下，产业园区的低碳发展开始得到国家的重视。2011 年印发的《"十二五"控制温室气体排放工作方案》提出"依托现有高新技术开发区、经济技术开发区等产业园区，建设以低碳、清洁、循环为特征，以低碳能源、物流、建筑为支撑的低碳园区"；2013 年印发的《工业领域应对气候变化行动方案（2012—2020 年）》将低碳产业园区建设试点示范工程作为六大重点工程之一，提出"选择一批基础好、有特色、代表性强、依法设立的工业产业园区，纳入国家低碳产业试验园区试点，开展工业领域低碳产业园区试点示范。通过低碳产业园区试点建设，加快钢铁、建材、有色、石化和化工等重点用能行业低碳化改造，积聚一批低碳型战略性新兴产业，推广一批适合我国国情的产业园区低碳管理模式，试点园区碳排放强度达到国内行业先进水平，引导和带动工业低碳发展"。

2013 年 10 月，工业和信息化部和国家发展改革委联合发布了《关于组织开展国家低碳工业园区试点工作的通知》，正式启动了国家低碳工业园区试点工作。2014 年以来，国家低碳工业园区试点工作正在稳步向前推进。

一、国家低碳工业园区试点工作进展

（一）试点工作得到了广泛的支持，首批确定了 55 家试点园区

为贯彻落实《国务院关于印发"十二五"控制温室气体排放工作方案的通知》和《工业领域应对气候变化行动方案（2012—2020 年）》，工业和信息化部联合国家发展改革委于 2013 年 10 月下发了《关于组织开展国家低碳工业园区试点工作的通知》（以下简称《通知》），同时一并下发了《国家低碳工业园区试点工作方案》（以下简称《工作方案》），正式启动国家低碳工业园区试点工作。其中，《工作方案》明确了开展国家低碳工业园区试点的意义、总体要求、创建内容、组织实施、保障措施等内容，提出"到 2015 年，创建 80 个特色鲜明、示范意义强的国家低碳工业园区试点，打造一批掌握低碳核心技术、具有先进低碳管理水平的低碳企业，形成一批园区低碳发展模式"的目标。

自《通知》下发后，得到了各地区的积极响应，截至 2013 年 11 月 30 日，共推荐园区 106 家，其中最多的一个省共推荐了 8 家园区。根据《工作方案》提出的申报条件，通过符合性审查的园区共 101 家。

2014 年 2 月 14 日，工业和信息化部、国家发展改革委联合组织对通过符合性审查的园区进行评审。充分考虑到评审的合理性、可操作性以及园区间的可比性，根据园区的产业特征，最终将通过符合性审查的园区分成三个组，分别予以评审，其中第一组为综合类园区，共 36 家；第二组为高能耗行业类园区，共 34 家；第三组为低能耗行业及特色类园区，共 31 家。按照《国家低碳工业园区试点专家评审工作方案》的规定，专家组评审过程采用封闭进行的形式，且三个小组同时评审。每位专家需对所在小组中的所有园区材料依据《国家低碳工业园区试点评审打分表》从工作基础、工作目标、路径措施、保障措施等方面予以评审并打分，最后计算每个园区的平均得分。经过 1 天紧张的评审，汇总得出了每个园区的分数，其中最高得分为 93.4 分，最低得分为 37.2 分。

综合考虑地区因素、示范意义、得分情况和专家建议，初步确定了 55 家园区作为第一批国家低碳工业园区试点。2014 年 5 月 29 日，工业和信息化部会同国家发展改革委联合发布了《关于国家低碳工业园区试点名单（第一批）的公示》，对拟通过的第一批 55 家试点予以公示。2014 年 7 月 15 日，工业和信息化部、国家发展改革委联合印发了《关于印发国家低碳工业园区试点名单（第一批）的通知》，正式确定了第一批 55 家试点园区。

（二）实施方案专家论证成效显著，试点全面启动创建在即

2014 年 7 月 15 日，工业和信息化部、国家发展改革委联合下发《关于印发国家低碳工业园区试点名单（第一批）的通知》，一并印发《国家

低碳工业园区试点实施方案编制指南》（以下简称《指南》），以指导园区编制可行的、可操作性强的实施方案。《指南》明确了编制的总体要求、基本原则和实施方案的主要内容，提出了实施方案的一般框架，应包括：园区总体情况、指导思想和主要目标、主要任务、重点工程、园区创建效益分析、保障措施 6 个部分。

截至 2014 年 9 月 15 日，共有 36 家园区提交了《试点实施方案》。2014 年 10 月 28—29 日，工业和信息化部节能与综合利用司、国家发展改革委应对气候变化司联合组织召开国家低碳工业园区试点实施方案专家论证会，对 36 家园区的《试点实施方案》进行论证，希望通过专家论证，加强指导、系统把关，提高《试点实施方案》的科学性、合理性和可操作性，从而为园区试点创建工作的有效和深入开展奠定夯实的基础。

根据《国家低碳工业园区试点实施方案专家论证会会议指南》的有关安排，专家论证分为两个组平行并独立的开展论证工作，过程采用封闭形式进行，每位专家对各园区的《试点实施方案》依据《指南》和《国家低碳工业园区试点实施方案专家论证打分表》从完整性、示范性、可操作性三个角度进行打分并提出修改意见，最后计算平均分并汇总专家意见。从论证的结果来看，各园区实施方案的编写水平的差异比较突出，某些园区的《试点实施方案》得到了高度评价，还有部分园区尚未达到《指南》的要求。从得分情况来看，其中，分数在 80 分以上的园区共有 15 家，在 60 分以下的园区共 4 家。

通过此次会议，不仅提高了园区对试点创建的认识，更重要的是，由于此次论证会定位为指导和帮助园区更好地开展试点创建，各园区在汇报和讨论过程中，同专家组进行了有效的讨论，为《试点实施方案》的修改完善奠定了良好的基础。绝大多数园区代表表示希望两部委多组织相关活动或培训，更好地指导园区开展试点创建。园区《试点实施方案》完善并得到批复后，试点创建工作即将全面开展。

二、试点园区总体情况与创建思路

（一）试点园区类型多样，典型性和代表性突出

从分布情况来看，首批试点充分考虑了区域的差异性和代表性，覆盖范围较为广阔。全国拥有试点的 31 个省份，除西藏自治区和云南省没有园区入围首批试点外，其他 29 个省份均拥有试点园区，其中试点园区最多的省份是浙江省，共有 4 家，山东、江苏、湖南、湖北、吉林、内蒙古 6 个省份分别有 3 家试点园区。按照区位划分，东部 20 家，中部 15 家，西部 13 家，东北 7 家。

从园区类型来看，首批 55 家国家低碳工业园区试点，共有国家级高新技术产业开发区 23 个，国家级经济技术开发区 17 个，省级园区 15 个。园区类型和发展水平的不同，进一步反映出各园区规模的不同，总的来说，试点园区占地规模差距显著，有占地几百平方公里的大型园区，也有小型的园区。例如，大庆高新技术产业开发区区域总面积达 665.1 平方公里、苏州工业园区行政区划 278 平方公里，而天津滨海高新技术产业开发区华苑科技园规划面积为 11.58 平方公里、北京中关村永丰产业基地总用地面积仅为 4.53 平方公里。

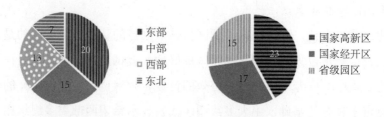

图 1   首批国家低碳工业园区试点分布情况（单位：个）

从主导产业来看,有综合类园区,如大连经济技术开发区、新余高新区、天津经济技术开发区等;有以高耗能产业为主的园区,如内蒙古鄂托克经济开发区、内蒙古赤峰红山经济开发区、西宁经济技术开发区甘河工业园区等;有以低耗能产业为主的园区,如天津滨海高新技术产业开发区华苑科技园、中关村永丰产业基地、北京采育经济开发区等;还有特色产业类园区,如泰州医药高新技术产业开发区、宜兴环保科技工业园、上海化学工业区等。

综上所述,无论从区域分布、园区规模还是主导产业等各个方面,均有不同层次的园区入选试点,由此可见,首批55家试点园区的选取充分体现了典型性、代表性和全面性。

(二)园区低碳发展的影响因素相同,"五化"是重点

1. 影响园区低碳发展的因素

园区创建低碳工业园区首先需要了解影响低碳发展的主要因素。根据《工作方案》和《指南》的说明,当前我国园区低碳发展的主要目标是以更少的碳排放产生更大的产出,从经济学指标来看,即降低园区的碳强度。

基于上述思想,借助相关理论模型,充分考虑实际操作,可将影响产业园区碳强度的因素归纳为以下几点:

(1)产业构成

产业的配置情况是决定园区能源强度和碳排放水平的主导因素之一。对于以高耗能产业,例如钢铁、水泥、有色、石油化工、火电等产业为主的园区,其对能源的需求具有锁定效应,在产业结构难以调整的情况下,此类园区的碳排放水平相较于以低耗能产业为主的园区明显偏高。例如,2013年以冶金、火电、煤炭等为主导产业的内蒙古某园区,其碳强度高达13吨二氧化碳/万元,而同期天津某园区的碳强度仅为0.15吨二氧化碳/

万元。因此，调整优化产业构成，降低高耗能产业的比重是园区实现低碳发展的重要途径。此外，从提高园区企业单位能源消费经济产出的角度，以提高附加值为目的，调整产品结构、延伸产业链等措施都将对园区的低碳发展发挥积极的作用。

（2）能效水平

能源利用效率是影响园区碳排放水平的重要因素之一。当前，我国仍处于重化工业阶段，各类园区中高耗能产业占比较高，且能源消耗以化石能源为主。"十一五"以来，我国的节能工作取得了长足进步，能效水平显著提高，但研究表明，在技术可行、经济合理的情况下，节能潜力依然较大，因此，推进节能和提高能效工作的广泛和深入开展将对园区（尤其是发展较为成熟的园区）低碳发展目标的实现提供有力支撑。对于能源消费以电为主的产业园区，同样可通过实施电力需求侧管理，提高电能的利用效率，实现节电。

（3）能源结构

能源结构是影响产业园区低碳的根本因素。由于不同能源品种的碳排放强度存在较大差异，因此，消耗同样多的能源，不同的能源结构其碳排放水平差异很大。由此可见，对于园区而言，优化能源结构，降低高碳排放能源消费的比重是实现减排的最直接途径。但从实际情况来看，园区能源消费结构的形成主要受两方面影响：一是能源供应条件，例如园区所在地的资源禀赋以及能源供应能力；二是能源需求情况，主要是受某些行业对能源品种的要求，例如焦炭行业。总的来说，因地制宜、积极并科学地发展可再生能源将是园区优化能源结构的必要选择。

（4）其他影响因素

1）生活及配套设施

随着产业园区的不断发展，规模的不断扩大，以及向城市边缘地区的蔓延，园区不再仅仅是企业的聚集地，"产城融合"特征日益显现，并逐步成为大多数园区发展的主要方向。例如，苏州工业园区，其行政区划面积达 278 平方公里，下辖 4 个街道，常住人口 76.2 万人，整个苏州市 5% 的人口在园区内常驻生活。大规模的生活社区，使得生活的方方面面，包括园区内的建筑设施、居民的交通出行、生活垃圾处理等均对园区的低碳发展有着重要的影响。因此，推行生活及配套设施的低碳化将是产业园区低碳发展的重要组成部分。

2）园区低碳管理与保障

我国省级以上园区绝大多数具有明确的边界和行政管理机构，园区的管理水平特别是针对低碳发展方面的措施对园区的低碳发展起到重要的促进作用。例如，有的园区为了实现低碳发展，设定了行业或企业准入门槛；有的园区设立了低碳发展基金，支持节能减碳技术的研发和应用；有的园区开展了一系列的宣传活动，鼓励企业和居民自觉采取措施、践行低碳发展。园区管理部门的指导和支持是园区实现低碳发展的重要保障，因此，园区管委会应强化低碳发展理念，加强低碳管理，落实低碳措施，推动园区的低碳转型和发展。

3）碳汇及碳捕集与利用

当前，园区低碳发展主要受产业、能源和管理的影响，除此之外，提高碳汇及碳捕集利用水平同样是减少二氧化碳排放的有效途径。通常来说，目前可行的途径主要有两种，一是森林或植被碳汇，二是 CCS 或 CCUS。从国内园区的发展现状以及技术现状来看，短时期内，碳汇及碳捕集利用对整个园区低碳发展的贡献难有突破，但作为低碳产业园区，应最大限度地发展森林或植被碳汇，同时，积极尝试 CCS 或 CCUS，特别是对于有条件的园区，应努力通过优化产业布局和生产工艺，实现二氧化碳的合理利用或循环。

2. 园区低碳发展"五化"

作为一种新的发展方式，产业园区低碳发展与传统的发展模式有着本质的不同。通过上述分析可知，园区低碳发展涉及产业发展与产业结构、生产过程、能源结构、居民生活和配套设施、园区管理等方面，渗透于整个产业园区的各个领域，是一项非常复杂的系统工程。要实现产业园区的低碳发展，必须统观园区发展全局、分阶段长远规划、从各领域细节着手，逐步分阶段、分领域对园区进行全面改造升级。园区低碳发展的路径基本可总结为"五化"。

（1）从调整园区产业结构入手实现园区产业的低碳化

传统的钢铁、水泥、石油化工、电力等高耗能产业与以高新兴技术为代表的战略性新兴产业之间的产品附加值、能源消耗水平、二氧化碳排放水平存在巨大差异。园区内的产业结构制约着园区发展的路径模式，同时也对园区温室气体排放强度产生重大影响。要实现园区的低碳发展，必须要对园区的产业结构进行有效调整，通过加快淘汰高耗能、高污染的落后生产能力，提高高耗能、高污染行业准入门槛，因地制宜引入节能环保、新一代信息技术、生物、高端装备制造、新能源、新材料和新能源汽车等战略性新兴产业，从而降低高耗能行业占比，提高高新技术产业占比。

（2）从提高生产过程中能源利用效率入手实现生产的低碳化

推动节能减排，提高生产过程中的能源利用效率，是国际上减少二氧化碳排放、应对温室气体减排压力的重要手段，当前我国生产过程中的能源利用效率较低，与国际先进水平相比，高耗能产品单位产品能耗依然较高，2012 年主要高耗能产品的单位产品能耗比国际先进水平要高 4%~60%，生产过程中还存在着巨大的节能潜力。要实现园区的低碳发展，必须大力挖掘园区内企业的节能潜力，引进先进的节能技术，对各个生产环节进行节能改造，减少能源消耗。

（3）从优化园区能源结构入手实现园区能源的低碳化

传统化石能源的利用是二氧化碳排放的主要来源。当前我国产业园区中能源消费以煤炭和电力为主，在电力结构以煤电为主的情况下，产业园区的高碳能源比例极高，这也是造成产业园区二氧化碳排放量居高不下的重要原因。加强太阳能、水能、风能等可再生能源的利用，限制高碳能源，尤其是煤炭的利用，优化能源利用结构，实现园区能源的低碳化，将是推进园区低碳化发展的重要举措。

（4）从引导园区居民生活消费意识入手实现园区生活模式的低碳化

低碳产业园区在建设过程中，一是应全面推广低碳建筑或绿色建筑，通过提高园区内的建筑节能标准，减少建筑物在建造和使用过程中的能耗；二是积极推动低碳交通，在园区的建设规划中要以人为本，设置完善的步行道、非机动车道以及便捷的公共交通设施，利用合理的交通出行方式引导居民低碳出行；三是全面加强低碳宣传，提高居民低碳意识，促进居民在日常生活中选择低碳产品、低碳出行、低碳生活。

（5）从完善园区低碳管理与保障体系入手实现园区管理的低碳化

作为园区的管理者，对园区进行统筹低碳管理是实现产业园区低碳化发展的重要组成部分。当前我国各园区在低碳方面的基础能力依然较为薄弱，要实现低碳产业园区创建，必须下大力气加强能力建设，全面提高低碳意识、加强领导和组织保障。此外，园区应进一步加强能源和碳排放的统计和管理工作，做到数据完整、真实、有效，并逐步实现能源和碳排放数据的在线监测和管控，为园区低碳发展措施的选择提供最直接的依据。

（三）园区间差异突出，试点实施方案部分体现了"因地制宜"

尽管影响园区碳强度水平的因素相同，实现低碳发展的路径也基本一致，但由于各园区所处的发展阶段不同，产业基础和构成不同，资源禀赋、人力资源等比较优势也不同，使得当前各园区碳强度水平差异悬殊，试点创建的思路和重点应因园区实际情况而异。

《指南》提出试点创建的重点任务可以包括：加强产业低碳化发展；加强能源低碳化发展；加强低碳管理；加强基础设施低碳化发展。但同时也指出，各试点园区应围绕既定的目标，充分结合实际，体现亮点和特色，提出具有现实可操作性的主要任务。总的来说，从已上报的 36 家园区的《试点实施方案》可以看出，部分论证得分较高的园区已有效考虑了"因地制宜"，不同类型园区指导思想和主要任务的不同也进一步体现了试点先行先试的意义和价值。

三、试点创建面临的挑战及政策建议

当前，试点创建即将全面展开。通过调研以及园区上报的情况，园区在国家低碳工业园区试点创建方面仍面临一些挑战，国家层面需要采取针对性的政策措施，确保试点工作有效和深入的开展。

（一）试点创建面临的挑战

1. 对低碳发展的认识尚需提高，对试点创建工作的重视程度仍待加强

各园区对低碳发展的认识程度尚待提高，部分园区的管理者对节能、环保、循环经济、低碳等概念仍然比较模糊，对低碳发展的内涵和意义认识不够到位，同时对为什么要低碳发展、如何低碳发展等欠缺深入的思考。有些园区尤其是发展较为落后的园区对低碳工业园区试点的重视程度不够，提交的《试点实施方案》尚达不到《指南》的要求。

2. 部分园区低碳目标的设定存在主观性，措施途径的针对性和关联度有待加强

低碳产业园区的创建需要结合实际设定合理的阶段性发展目标。尽管有 36 个园区已按照发文的《指南》要求基本完成了《国家低碳工业园区试点实施方案》编制工作，但除个别园区按照《指南》的要求引入详细的模型分析确定目标外，多数园区在目标设定方面的解析不够充分，存在一定的主观性，目标的设定更多是依据全国的平均水平或本地区的减碳目标值，对园区自身减排的实际潜力、预期投入及效果分析还不够深入。由于目标的制定缺乏足够的支撑，使得措施途径的针对性以及和目标的关联度也有待加强。在《国家低碳工业园试点实施方案》专家论证过程中发现，某些园区的路径措施具有较高的相似性，且对目标设定的支撑性不够。

3. 基础能力亟待加强，数据统计和智力支撑是重点

无论是发展较好的园区还是相对落后的园区，在低碳发展方面的能力建设依然亟待加强。

一是能源、碳排放的统计、核算体系不够完善，统计数据的质量有待提高。据了解，国家级园区大多配备了专门的统计部门，而省级园区以及发展较为落后的园区，能源的统计基础仍然比较薄弱，统计力量严重不足，有的园区仅配备 1 名人员负责所有统计工作。从园区上报的《试点实施方案》中也发现，部分园区的数据存在前后不一致的现象，说明数据的真实性和有效性也有待商榷。

二是缺乏人才力量和智力支撑。园区普遍反映希望引进在低碳技术研发、低碳管理等方面的高端人才，推动园区的低碳发展。尤其是条件和环境较差的园区，缺乏人才资源已严重制约了试点创建的进程和效果。此外，智力支撑不足也给某些园区试点的创建带来了挑战，从上报的《试点实施方案》可以看出，某些有智力支撑的园区所编制的方案特色鲜明、针对性强、具有可操作性，而有的园区所编制的方案较为宽泛、可行性不够。

4. 缺乏顶层指导，国家层级的相关配套支持政策有待加紧完备

一是缺乏细致的顶层指导，包括国家低碳工业园区的定位以及发展规划等。特别是目前各地的低碳工业园区大多只有低碳发展的理念和愿景，没有统一可行的低碳评价标准，由于缺乏标准的引导，园区对自身是否能建成低碳产业园区较为困惑；二是缺少配套政策。园区普遍反映，试点创建尚缺乏系统的激励措施。由于地方政府能够提供的经济手段有限，还需要国家层面给予根本解决，特别是建立全国统一的配套政策等，使低碳产业园区的建设更具有说服力和约束效力。此外，落后园区对政策尤其是资金的需求更为迫切，而这些园区多是以高耗能产业为主、地处中西部、规模和级别较低的园区。

（二）推进试点创建的政策建议

针对上述挑战，国家有必要在进一步总结现状的基础上，针对性地采取措施，破解试点创建面临的各方面约束，全面、有效、深入地开展试点创建，大胆创新、先行先试，为后续全面推动我国产业园区的低碳发展奠定夯实的基础。

1. 搭建交流平台，倡导共同参与

建议国家组织 55 家试点园区，召开国家低碳工业园区试点工作会议，直接向试点园区宣讲国家开展试点工作的目的和意义，普及低碳发展概念内涵，提升园区对低碳发展的认识水平，同时利用工作会议的机会积极倾听园区的想法，形成双向的沟通与反馈；建议相关部门以创建低碳产业园区为纽带，搭建交流平台，在平台上定期研讨、总结问题、分享经验，使各园区共同参与到试点建设过程中。

2. 加强顶层指导，加大智力支持力度

一是建立完善工作制度。建议制定低碳工业园区试点工作管理办法，进一步明确工作重点、示范内容、评价标准等相关内容，建立涵盖试点的遴选、监督、考核验收、试点园区可持续发展、经验推广的工作流程，清晰界定试点工作各方主体的权利与责任。此外，低碳产业/工业园区创建是一项系统的、可持续的工作，是园区高端化发展的方向，建议国家建立长效机制，设立国家低碳产业/工业园区管理办公室，负责国家低碳工业园区的审核、命名、授牌、综合协调以及备案等工作。

二是加大智力支持力度。建议国家成立由国内知名专家组成的国家低碳工业园区试点专家指导委员会，并设立专家库，并由国家统一安排，支持对试点园区开展低碳诊断，确定低碳发展的重点领域和对策。

3. 支持园区进一步摸清家底，全面提高统计、监测能力

一是加快制定园区碳排放统计核算方法，建立完善的园区能源统计体系和碳排放统计体系。建议针对园区实际情况加快制定园区碳排放统计核算方法学，研究确定园区碳排放核算主体范围、温室气体种类和能源利用类型，完善能源统计数据基础，合理设定能源排放因子。

二是支持园区进一步摸清家底。建议国家利用 CDM 研究经费支持试点园区编制碳排放清单，使园区能够全面把握碳排放的重点领域和趋势，进而为低碳发展措施的提出提供依据。

三是支持园区全面提高统计、监测能力。建议国家支持试点园区建设能源和碳排放管控平台，先行先试，实现能源消费和碳排放数据的在线监测和管理，提高数据的质量和连续性。此外，建议在评价指标体系中纳入反映能源消费、碳排放统计和监测能力的指标，督促园区强化统计力量。

4. 加强部门协作，完善配套政策

一是建议国家部门之间加强协作，把创建国家低碳工业园区试点作为

转变经济发展方式、实现工业转型升级、推动科技进步、深化改革开发、落实生态文明的重要实验田，进而研究形成政策合力，整合现有政策对试点园区进行集中支持，推动试点创建工作更好、更深入的开展，实现更大的目标。

二是建议国家积极听取试点园区的实际需求，制定针对性强的配套政策。建议适当调整配套政策的支持方向，重点围绕园区的能力建设、边际成本较高但具有显著示范价值的重大项目或技术应用、国际合作、宣传推广等方面进行支持；建议完善配套政策的支持方式，从资金支持、智力支持、管理支持、宣传支持等方面对园区进行综合支持，同时探索采用市场化的投融资模式解决园区融资难问题。

（撰稿人：康燕兵　吕斌　赵盟　熊小平　廖虹云）

交通运输领域低碳发展试点
示范工作进展情况

　　2013 年，交通运输行业贯彻落实党中央、国务院节能减排工作部署，大力推进交通运输领域生态文明建设，以试点示范为抓手，深入推进绿色循环低碳交通运输体系建设。

　　据测算，2013 年交通运输行业节能 613 万吨标准煤，减排 1 337 万吨二氧化碳。其中，公路运输节能 469 万吨标准煤，减排 1 018 万吨二氧化碳；水路运输节能 134 万吨标准煤，减排 303 万吨二氧化碳；港口节能 10 万吨标准煤，减排 16 万吨二氧化碳。与 2012 年相比，营运车辆单位运输周转量能耗下降 2.1%，营运船舶单位运输周转量能耗下降 2.3%，港口综合单耗下降 2.4%。

一、召开绿色循环低碳交通运输体系建设试点示范推进会

　　2013 年 5 月，交通运输部印发了《加快推进绿色循环低碳交通运输发展指导意见》（交政法发［2013］323 号），明确提出：到 2020 年，全行业绿色循环低碳发展意识明显增强，节能减排体制机制更加完善，科技创新驱动能力明显提高，监管水平明显提升，行业能源和资源利用效率明显提高，控制温室气体排放取得明显成效，适应气候变化能力明显增强，生态保护得到全面落实，环境污染得到有效控制，基本建成了绿色循环低碳交通运输体系。6 月，交通运输部在江苏省无锡市组织召开了绿色循环低

碳交通运输体系建设试点示范推进会，进一步明确了加快推进绿色循环低碳交通运输体系建设的总体要求和重点工作，强调要完善试点示范的主题和推进方法，不断探索绿色循环低碳交通运输体系建设的新途径。

（一）建设绿色循环低碳交通运输体系的总体要求

今后一个时期抓好绿色循环低碳交通运输发展的总体要求：一是加快转变发展方式，为绿色交通发展奠定重要前提和基础；二是加强科技创新，为绿色交通发展提供有力支撑；三是加快完善体制机制，为绿色交通发展提供坚实保障。四是加大教育宣传力度，为绿色交通发展营造良好氛围。加快推进绿色循环低碳交通运输发展，就是要贯彻落实科学发展观，推进基础设施畅通成网、配套衔接，运输装备先进适用、节能环保，运输组织集约高效、经济便捷，运输服务快捷便民、公平优质。在价值取向上，倡导绿色运输、低碳出行；在指导方针上，坚持节约优先、保护为本；在实现路径上，贯穿建管养运、因地制宜；在推进方式上，强化创新驱动、示范推广；在目标追求上，实现"三低三高"（低消耗、低排放、低污染，高效能、高效率、高效益）、永续发展。

（二）深化试点示范的战略部署

1. 深入开展绿色循环低碳试点工作

继续组织做好两批 26 个低碳交通运输体系建设城市试点中期评估、监督指导、总结验收等工作。组织开展绿色循环低碳交通省区、城市区域性试点，以及绿色循环低碳港口、绿色循环低碳公路、绿色循环低碳航道等主题性试点，扩大试点范围。配合财政部做好财政政策综合性示范、国家发展改革委两批低碳省区低碳城市试点、住建部绿色低碳示范小城镇以及科技部"十城千辆""十城万盏"示范活动等，主动加强政策衔接与配套。

2. 着力打造绿色循环低碳示范工程

组织打造国家和省级绿色循环低碳公路、绿色循环低碳枢纽、绿色循环低碳客运站、绿色循环低碳货运站、绿色循环低碳港口、绿色循环低碳航道等一批绿色循环低碳交通示范工程。实施绿色循环低碳交通示范区域"十百千工程"，打造 10 个绿色循环低碳交通示范省区、100 个绿色循环低碳交通示范城市、1 000 个绿色循环低碳交通示范项目。

3. 加快推广示范成果和先进经验

加快推广部节能减排示范项目的先进经验与成果，并择机组织启动新一轮示范项目的推选工作，放大示范带动效应。总结各地方交通运输主管部门、各企业试点示范工作的优秀成果与经验，编制指导手册和推广文件，组织交流活动，进行广泛推广。

二、进一步深化低碳交通运输体系建设城市试点工作

为积极探索交通运输低碳发展的各种可行模式和合理路径，在试点基础上总结经验，并予以体系化推广，形成加快建立以低碳排放为特征的交通运输体系的有效推进机制，交通运输部于 2011 年和 2012 年分别开展了两批建设低碳交通运输体系城市的试点工作。首批选定天津、重庆、深圳、厦门、杭州、南昌、贵阳、保定、无锡、武汉 10 个城市开展建设低碳交通运输体系试点工作，试点期限原则上定为 2011 年 2 月—2013 年。第二批选定北京、昆明、西安、宁波、广州、沈阳、哈尔滨、淮安、烟台、海口、成都、青岛、株洲、蚌埠、十堰、济源 16 个城市开展低碳交通运输体系建设试点工作，试点期限原则定为 2012—2014 年。全国 26 个城市试点对建设绿色循环低碳交通运输城市的实现路径进行了探索性尝试，积累了初

步经验。

（一）继续推进两批 26 个城市试点落实实施方案

按照计划，第一批 10 个试点在 2013 年年底结束并进行总结评估，第二批 16 个试点到 2014 年年底结束。2013 年以来，交通运输部继续指导 26 个低碳交通运输体系建设试点城市落实试点实施方案，并且，在做好第一批试点城市全面总结评估的基础上，总结低碳交通运输体系建设第一批城市试点经验教训，继续推进第二批城市试点。

交通运输部将适时召开首批建设低碳交通运输体系城市试点工作总结会，通报试点工作情况，推广试点经验和实用低碳交通技术，为第二批 16 个城市试点工作提供借鉴学习的经验，确保试点工作取得预期成效。

（二）总结首批 10 个城市试点经验

截至 2013 年底，首批 10 个城市开展低碳交通运输体系建设的试点工作已结束，试点目标基本实现。为全面评估总结试点工作成效，推广试点经验，交通运输部组织开展了首批试点城市总结工作，通过试点城市自我总结评估和交通运输部组织实地检查评估两种方式，系统地对共性的工作经验和个性的成功做法进行了总结。

具体包括以下几个方面：

1. 明确工作推进机制，务实组织实施

首批 10 个试点城市都从工作机制入手，从领导机构到工作小组，从制定配套政策到确定重点领域，从主导部门牵头抓、相关部门协同抓到政府牵头组织抓，都充分体现了健全工作机制是推进试点工作的坚实基础。大部分试点城市成立了由交通运输主管部门"一把手"或市政府主管领导为组长的试点工作领导机构，将发展改革、工业和信息化、财政、规划等

政府部门纳入到试点工作领导机构中，加大了对试点工作的领导和协调力度。同时，交通运输系统内部的公路、港航、道路运输、水路运输、城市客运等主管部门，以及交通科技、法规、信息等职能部门，也都积极参与到试点工作中。在试点工作推进过程中，明确工作计划，交通运输企业广泛参与，充分发挥交通运输企业的主体作用，制定地方城市配套政策，扎扎实实按照交通运输部批准的实施方案，逐项、逐年采取有效措施加以推进，是完成试点工作的基本保障。

例如，厦门市由市政府牵头，于2011年9月，成立了全市一体跨部门的领导机构"厦门市建设低碳交通运输体系试点城市领导小组"，主管副市长任组长，市交通运输局、发展改革委、财政局、厦门港口局、市公路局、厦门公交集团等单位领导任成员；领导小组办公室设在厦门市交通运输局，负责日常工作。机构的健全和有序运作，为厦门市低碳交通运输体系建设提供了坚实的组织保障。

2. 注重顶层规划设计，明确发展思路

首批10个试点城市编制了《建设低碳交通运输体系城市试点实施方案》，明确了低碳交通运输体系建设的指导思想、发展路径和重点实施项目，同时通过制定相关规划方案，进一步明确了年度工作重点和保障措施，为建设绿色循环低碳交通运输体系提供了有力保障。

例如，无锡市交通运输局编制完成了《无锡市低碳交通运输体系建设战略规划》《无锡市低碳交通运输体系建设试点实施方案》（2011—2013年），《无锡市建设绿色低碳交通城市区域性项目实施方案（2013—2020年）》等规划方案。

深圳市正式发布了《深圳市城市交通白皮书》，编制了《深圳市交通运输行业节能减排"十二五"规划》《深圳市打造国际水准公交都市五年实施方案》《深圳市建设低碳交通运输体系试点实施方案》《深圳市交通清洁化实施方案（2012—2014 年）》《深圳市建设绿色低碳交通城市区域性项目实施方案（2013—2020 年）》等一系列规划方案。

天津市制定了绿色循环低碳交通运输专项规划。研究完善绿色循环低碳交通运输发展战略；研究出台行业和企业节能减排和应对气候变化规划编制指南，建立分层级、分类别、分方式的规划体系；建立健全规划审批、报备、评估和修订制度。

3. 立足城市自身特点，合理制订方案

10 个试点城市的实施方案，分别具有不同于其他试点城市实施方案的特点。这是由于每一个试点城市本身就具有区别于其他试点城市的特点，同时每个试点城市的交通运输系统也相应地继承了城市的特点。具有不同特点的交通运输系统，其低碳发展之路及实施方案也必然会牢牢打上不同特点的烙印。实施方案的特点，主要基于试点城市的经济社会发展水平、自然地理环境、气候条件、区域发展战略规划、外部发展环境等。

深圳：建设综合交通运输管理体系，创新体制机制

深圳的特点是综合交通运输管理体系和运行机制的建设，为低碳交通运输城市发展奠定了组织架构、体制架构和工作架构。

深圳市委、市政府高度重视交通运输环境保护和节能减排工作，在 2009 年机构改革中，将"指导交通运输行业环境保护和节能减排工作"作为一项重要职能写进了深圳市交通运输委员会"大三定"方案，并成立了深圳市交通运输行业环境保护和节能减排工作领导小组，负责统筹推进深圳市低碳交通运输体系城市试点工作。同时，建立了低碳交通运输体系试点城市建设联动机制、联络员工作机制、定期信息报送制度，深圳市交通运输委员会各相关业务处，试点项目的承办单位都分别确定

了分管领导和联络员，试点工作任务和重点项目层层分解，定期督查考核。2013 年 11 月，深圳市交通运输委员会进一步创新体制机制，将"安全管理处"更名为"安全监督与绿色交通处"，全面强化绿色低碳交通建设工作职能。大交通管理体制实现了交通规划、设计、建设、运行、管理、服务、应急职能的一体化整合；提升了各种交通运输方式的整体优势和组合效率；实现了客流、物流、信息流的有机融合；建立了全市交通总需求和总供给的统筹平衡机制。为低碳交通运输体系建设提供了体制保障。

杭州：构建"五位一体"公交体系，转变出行方式

杭州的特点是"五位一体"公共交通方式的融合，推进了交通运输组织方式、用能方式和行为方式的转变。

杭州市坚持"公交优先"战略，构建了轨道交通、公交、出租车、水上巴士、公共自行车"五位一体"的杭州特色公交体系，截至 2013 年底，市区公共交通分担率达到 35%。一是公共自行车。目前全市公共自行车总量超过 8 万辆，服务网点总量超过 3 000 个，日均租用超过 30 万人次，年租用服务量突破 1 亿人次。二是纯电动出租汽车。纯电动出租汽车已投入 500 辆，年可实现节约标准油 3 325 吨、减少二氧化碳排放 10 500 吨。三是公交。目前，全市油电混合动力公交车有 1 078 辆，LNG 天然气公交车有 1 000 辆，即充式电车 80 辆，纯电动电车 100 辆。四是水上巴士。目前共有运营线路 8 条，船舶 50 艘，实现运河—钱塘江—湘湖—西溪贯通。五是地铁。杭州地铁 1 号线全长 48 公里，截至 2013 年底客运总量达 9 800 万人次，日均客运量超 30 万人次，地铁 2 号线东南段 2014 年底开通。杭州市通过强化公交服务辐射，加快快速公交建设，重视换乘枢纽建设与管理；因地制宜缓解城市交通拥堵，积极优化自行车出行环境，结合社区支路、景观支路、游步道等，建设自行车专用道，有效

地引导公众低碳出行。

无锡：发展基于物联网技术的智能交通，促进节能减排

无锡的特点是智能交通的探索和尝试，发挥物联网技术的研发优势，积极推进物联网技术在交通领域的应用，区域性方案中拟实施 12 个物联网信息化项目，约占项目总数的 27%，彰显了物联网技术应用特色。

无锡金南物流科技股份有限公司实施了"基于物联网技术的甩挂运输"项目，并于 2012 年 1 月通过江苏省甩挂运输试点达标审核，审核小组对该公司甩挂运输试点工作的线路安排、车辆配置、站场建设、信息化建设等进行了审核。截至目前，该公司开通了 12 条甩挂专线和一个中转运输基地，使企业做到科学合理的管理，真正做到了降本增效、节能减排。项目在节能减排方面效果尤其显著，据该公司实际开展的线路运营情况测算，2011 年就节约燃油 396 204.96 升，相当于节约标准煤 496 吨、二氧化碳 1 069.2 吨，2012 年节约燃油 821 965.56 升，相当于节约标准煤 1 029 吨、二氧化碳 2 217.6 吨。

重庆：发挥西部地区综合枢纽城市优势，实现综合节能

重庆市作为我国西部内陆地区唯一集铁路、公路、水路、民航于一体的综合枢纽城市，其低碳交通运输体系建设紧紧围绕西部地区综合交通枢纽和长江上游航运中心建设，充分发挥公路运输、水路运输、城市客运、交通建设工程以及内河港口生产五大重点领域的节能减排优势，实现综合性节能减排效益。依托长江水陆甩挂运输示范工程、重庆港靠港船舶岸电系统示范工程，通过优化运输组织结构，改进港口基础设施等降低能源消耗，减少二氧化碳排放，突出了水运行业的节能减排效果。

天津：扎实推进废旧材料循环利用技术，转变发展方式

2011 年，天津市被列入全国首批低碳交通运输试点城市，在交通运输部的领导和统一部署下，对低碳试点工作进行了周密组织，面向全行业组织开展全面深入的节能减排工作，宣传倡导绿色循环低碳理念，大力促进节能减排新技术、新材料、新工艺的研究与推广应用，积极发展以绿色循环低碳为特征的交通运输体系，加快推进公路行业的转型升级，在推进天津市低碳交通运输体系建设工作中取得了良好成效。

天津市在京哈高速养护维修工程等 4 个高速公路项目，以及玉杨公路大修工程等 9 个普通公路项目中采用了沥青路面再生技术，包括泡沫沥青冷再生、乳化沥青冷再生、水泥稳定冷再生、二灰冷再生在内的系列沥青路面再生技术得到了应用。2011—2013 年，采用沥青路面冷再生技术实施路面近 300 万平方米，实现节能量 1 062 吨标准油和 6 543.2 吨标准煤，折合减排量 19 803.7 吨二氧化碳。同时，在滨保高速公路（国道 112 线）维修养护工程、塘承高速公路（一期）工程、津宁高速公路工程和唐津高速改扩建工程中采用废轮胎胶粉改性沥青技术。2011—2013 年应用胶粉改性沥青 24.9 万吨，产生节能量 7 075.3 吨标准煤和17 079.1 吨标准油，实现减排量 77 172.4 吨二氧化碳，有效解决了废旧轮胎带来的环保问题，同时又节约沥青资源、改善沥青品质、提高路用性能，延长路面使用寿命，在道路工程领域已得到行业内普遍认可和成熟应用。

保定：加快推广低碳节能运输装备，优化用能结构

保定市在清洁能源推广和应用，优化交通运输发展战略方面具有一定特色。一是加快天然气车辆的推广应用。为落实保定市政府与中石油昆仑能源公司签订的"三位一体、气化保定"框架协议，加快保定市低碳城市和低碳交通运输体系建设、改善用能结构、实现节能减排任务目

标，2012 年 4 月，保定市印发了《关于印发保定市城市公交、长途客运车辆推广使用液化天然气实施方案的通知》，决定实施"气化交通"战略，提出市区公交车利用 1 年时间，同时长途客运车辆单车 300 公里以内适于使用液化天然气（LNG）的车辆利用 5 年时间，完成"油"改"气"工作，并明确了具体实施计划和保障措施。目前，保定市清洁型公交车总数达到了 800 部；天然气客运车辆总数达到了 489 部；共有出租车 3 036 部。截至目前，更新长城天然气出租车 96 部，其余车辆基本上都完成了"油改气"改造，改造率近 100%。二是加快节能环保游船的推广应用。积极推广节能环保游船，白洋淀水域已引进 27 艘液化气客船，该船舶使用液化气为原料，相比汽油节能 40%，污染物排放降低了 67%。顺平龙潭湖投入了 46 艘电瓶船，淘汰了 76 艘汽油挂机船。

武汉：推进多种运输方式的衔接，实现结构优化

　　武汉市的特色是从区域和地理位置的角度，发展和推进多种运输方式作用，实现运输结构调整和用能结构优化。其实施方案中确定了推进综合运输体系发展、建设低碳交通基础设施、推广应用低碳运输装备、优化交通运输组织模式及操作方法、建设智能交通工程、完善公众交通信息服务、建立健全全市交通运输行业节能减排管理体系等重点工作任务。

4. 大力推广清洁能源，促进结构调整

　　据测算，交通运输行业汽油和柴油消费量均占全国总量的 50% 以上，汽车、船舶及港口作业机械是大气污染物和温室气体的主要排放源。清洁能源的推广和应用，有利于调整能源结构、促进绿色交通发展，因此，10 个试点城市都通过加大清洁能源的使用，促进交通运输能源消费结构的调

整，比如，开发了天然气车辆在道路运输、城市公交和出租车中的应用项目、地源热泵在港区或高速公路服务区的应用项目等。

重庆市充分利用自身天然气资源优势，全面推广压缩天然气（CNG）、LNG 等清洁能源汽车，主城区公交及出租车实现清洁能源全覆盖。截至 2013 年底，全市累计完成投入 LNG 班线客车 112 辆，清洁能源汽车在区域性城市间的运用得到了进一步推广。主城区 8 627 辆公交车和 1.2 万辆出租车清洁能源使用率达到 100%，其中出租车全部采用 CNG 燃料，公交车累计投入了 1 000 辆气电混合动力客车，纯电动客车 31 辆，通过运行比较，混动车燃料消耗比同车型的天然气汽车减少 13% 以上。

天津市高度重视推广新能源车辆，截至 2013 年底，天津市共示范运行节能与新能源汽车 1 304 辆，建成充电站 5 座、充换电站 2 座、充电桩 471 个，2012 年投入运营的 40 辆换电式纯电动公交车已完成充换电超过 5 万次，行驶超过 300 万公里，搭载乘客近 700 万人次，2014 年，天津市被国家认定为新能源汽车推广应用试点城市。同时，天津市还大力推广应用以天然气为动力的清洁能源车辆，截至目前，共有燃气汽车 27 800 辆，37 座加气站投入运营，70 座加气站完成备案。2014 年还将增加 600 辆 LNG 公交车和 550 辆混合动力公交车。

5. 开展交通信息化建设，提高运输效率

信息化技术的广泛运用、智能化的深度拓展，可以提高运输效率，带来潜在的节能减排效益。交通运输行业通过建设高速公路不停车收费系统、物流公共信息平台、内河船舶免停靠报港信息服务系统、公众出行信息服务系统等，大力推进智能交通技术、现代物流技术、现代信息技术等的开发和应用，10 个试点城市在智能交通节能减排方面取得初步进展，节能减排效果明显。

以厦门市为例，在全市范围内建成并全面推广应用公交智能调度管理

系统，实现实时监控、智能排班、现场调度、电子路单、司机考勤、自动报站、超速提醒、斑马线提醒、行车运行图、统计报表等功能，为广大管理人员和驾驶员提供生产调度管理支撑。该系统运行后，公交车营运基本无误报、漏报站现象发生，发车准点率提高 8%，首末班准点率达 95%，行车事故率降低 67%，每百公里油耗节约 1%，每年可节约油料成本达 300 万元，社会经济效益十分显著。

（三）试点工作中发现的问题

通过对首批 10 个城市试点工作的总结，梳理了试点工作的初步经验，同时，也发现了当前低碳交通运输体系建设推进工作中存在的问题：一是交通运输节能减排工作的开展受配套政策法规、配套基础设施和运输装备技术水平等因素制约严重，需要协调相关部门共同推进。二是节能减排基础工作还不够扎实。交通节能和碳排放监控、统计考核体系建设及应用情况还不够理想，缺少能够覆盖整个交通运输行业的能耗统计、监测体系和能耗指标共享分析机制；碳计量、核查、监管能力建设不足，缺乏促进低碳发展的长效机制。三是低碳交通示范项目的示范效应尚未充分显现，企业自觉、主动参与低碳交通运输体系建设的积极性还不高。

三、推进液化天然气船舶应用试点工作

为深入贯彻《加快推进绿色循环低碳交通运输发展指导意见》，实现水运行业节能减排、转型升级和优化用能结构，2013 年 10 月出台了《交通运输部关于推进水运行业应用液化天然气的指导意见》（交水发〔2013〕625 号），明确提出水运行业应用 LNG 的推进目标：到 2015 年，水运行业应用 LNG 的标准体系基本形成，重点水域、港区的加注站点建设启动，

长江干线、西江航运干线、京杭运河、淮河和部分封闭水域的普通货船试点示范和客船试点工作有序开展，有条件的地区率先推动港作船和工程船应用 LNG，试点示范船舶的节能减排效果明显，内河运输船舶能源消耗中 LNG 的比例达到 2% 以上。

到 2020 年，水运行业应用 LNG 的标准体系基本完善，加注设施基本适应水运发展需要，全国主要内河水域的普通货船和客船、港作船和工程船等船舶应用 LNG 得到推广，危险品船、沿海客船和普通货船试点示范项目稳步开展，远洋运输船舶的试点工作启动，内河运输船舶能源消耗中 LNG 的比例达到 10% 以上，用能结构得到改善。

2014 年 9 月，交通运输部办公厅印发了《水运行业应用液化天然气试点示范工作实施方案》，评选并公布了水运行业应用 LNG 首批试点示范项目名单，包括"中外运长航长江干线主力船型船舶应用 LNG 综合试点项目"等 7 个试点项目，"西江干线广西段应用 LNG 示范项目"等 6 个示范项目，以及"安徽皖江与巢湖水运应用 LNG 综合示范区"等 3 个示范区项目。我国水运行业将按照先示范引领、后推广应用，先内河、再沿海、后远洋，先普通货船，再客船、危险品船的路径，有序推进 LNG 的应用。

四、启动绿色循环低碳交通运输"十百千"示范工程

绿色循环低碳交通运输体系建设试点示范推进会上提出绿色循环低碳交通运输"十百千"示范工程，即要打造 10 个示范省、100 个示范市和 1 000 个示范项目，为下一步继续深化试点示范明确了目标要求。

2013 年 8 月，印发了《交通运输部办公厅关于开展交通运输行业绿色循环低碳示范项目评选活动的通知》（厅政法字〔2013〕209 号），对

1 000 个示范项目的评选做出了布置。新一轮示范项目的评选，要以科学发展观为指导，按照"立足现状、突出重点、政府引导、企业主体"的思路，以促进节能减排、绿色循环技术及方法在交通运输行业的推广应用为主线，以项目的成效性、示范性和可推广性为重点，以点带面，推动交通运输行业绿色低碳和可持续发展；其评选及推广应用工作由省、部两级分别开展：省级交通运输主管部门和中央所属交通运输企业（集团）负责组织实施本辖区、本系统的示范项目的申报、评选、公布、上报和推广等工作；部级示范项目委托中国节能协会交通节能专业委员会负责组织从各省交通运输主管部门和中央所属交通运输企业（集团）报送推荐的示范项目中进行评选。经各省级交通运输主管部门推荐、专家评审及公示，"沥青拌合设备'油改气'技术""废旧沥青路面材料大比例再生利用技术"和"轮胎龙门吊能量回馈改造"等 30 个项目被评为交通运输行业首批绿色循环低碳示范项目。

2012 年，交通运输部启动绿色低碳交通运输区域性和主题性试点工作，并选定南昌市和连云港为"一城一港"进行试点。2013 年又选定重庆、厦门等 9 个城市作为区域性试点项目，选定天津港等 3 个港口，广东广中江高速公路等 7 条公路作为主题性试点项目。绿色循环低碳交通运输体系建设试点示范推进会前，交通运输部与江苏省人民政府签署了《共同推进江苏省绿色循环低碳交通运输发展的框架协议》，由市级试点扩大到省级试点。2014 年，共选定江苏省 1 个省份，天津、济源等 7 个城市作为区域性试点项目，选定广州港等 4 个港口，吉林鹤大高速公路等 5 条公路作为主题性试点项目。对于 10 个示范省和 100 个示范市正在积极研究，将尽快提出推进方案。

五、深入推进"车、船、路、港"千家企业低碳交通运输专项行动

2010 年,交通运输部启动了"车、船、路、港"千家企业低碳交通运输专项行动,共有 1 126 家交通运输企业报名参加。为巩固深化千企行动阶段性成果,推动千家企业强化节能管理,提高能源利用效率,2013 年 8 月,印发了《交通运输部办公厅关于深入推进"车、船、路、港"千家企业低碳交通运输专项行动的通知》(厅函政法〔2013〕135 号),调整了千企行动参与企业名单(981 家),健全了能耗和碳排放报告制度,提出了参与企业能源消耗和碳排放控制考核指标体系,初步构建了千企行动长效机制。2014 年 4 月,交通运输部法制司正式印发《关于请核实上报"车、船、路、港"千家企业组织机构代码的通知》(法便函〔2014〕7 号),正式启动了能耗和碳排放报告制度。

在营运车辆方面,天然气汽车得到大力推广。交通运输部节能减排与应对气候变化工作办公室印发了《关于进一步深化道路运输推广天然气汽车试点工作的意见》。开展了天然气替代燃料量评价方法研究、新能源汽车和清洁燃料汽车使用及维护研究。探索了绿色轮胎在道路运输中的应用。

在营运船舶方面,交通运输部印发了《关于推进水运行业应用液化天然气的指导意见》(以下简称《意见》),在水运行业推广应用 LNG,以推动水运业节能减排、转型升级和优化用能结构。同时,《意见》提出了推进水运业 LNG 应用的两个阶段性目标,并制定了《船舶能效管理认证规范》《天然气燃料动力船舶法定检验暂行规定》和《天然气燃料动力船舶规范》,修订了《绿色船舶规范》。

在公路方面,交通运输部公路局推进了《公路工程节能规范》的编制,组织编制了《公路电子收费联网运营与服务规范》,继续推进 ETC 联网工

程。推进了《公路水泥混凝土路面再生利用技术规范》的编制，启动了《公路沥青路面再生技术规范》的修订。

在港口方面，交通运输部海事局组织制定了《船舶液化天然气加注码头设计规范》《码头船舶岸电设施建设技术规范》等标准规范。继续推广靠港船舶使用岸电技术、带式输送机节能控制技术、散货码头工艺系统优化和筒仓粉尘防治技术。

此外，交通运输部正在积极构建千企能耗统计信息系统，从而配合国家《万家企业节能低碳行动实施方案》的实施，推动重点用能企业加强节能工作，强化节能管理，提高能源利用效率，确保万家企业节能低碳行动取得实效。

六、开展交通运输能耗统计监测试点工作

2012 年以来，交通运输部法制司组织开展了交通运输节能减排能力建设项目《交通运输行业重点用能单位能耗监测体系建设》，研究提出了营运货车和内河船舶能源消耗在线监测技术要求和组织方案。为探索推进交通运输能耗统计监测工作，检验项目研究成果，推动能耗在线监测平台建设，夯实行业节能减排监管工作基础，2014 年 9 月，交通运输部在北京、邯郸、济源、常州、南通和淮安 6 个城市交通运输部门启动开展了交通运输能耗统计监测试点工作。

试点工作的开展，要求参照交通运输部制定的能耗在线监测工作技术要求和组织方案，选取若干样本营运货车和内河船舶，完成样本车辆和船舶在线监测设备安装、调试和运行，实时采集能耗在线监测数据，并交换至交通运输部能耗在线监测平台。同时，向交通运输部提交试点城市 2014 年、2015 年和 2016 年交通运输、仓储和邮政业能耗总量及道路运输业（含

城市公共交通业）、水上运输业等能耗量；2014 年、2015 年和 2016 年试点城市公交、出租客运、班线客运、轨道交通、公路货运、内河货船、海洋货船和港口典型企业能源消耗统计数据。通过此项试点工作，力争推进营运货车、内河船舶能耗在线监测和测算交通运输能耗、排放指标，完善统计监测工作方案和技术方案。

（撰稿人：王海峰　刘芳　张婧嫄）

中国应对气候变化的政策与行动

政策与行动

——分报告
专题报告——研究与评述篇

坚定不移地推动能源生产和消费的革命

党的十八大报告指出："推动能源生产和消费革命，控制能源消费总量，加强节能降耗，支持节能低碳产业和新能源、可再生能源发展，确保国家能源安全"。然而，尽管报告明确指出了我国能源行业发展的基本方向，但在推动能源生产和消费革命，特别是控制能源消费总量问题上，社会各界，尤其是地方政府和能源企业仍有很多的畏难情绪。事实上，"十二五"前三年在控制能源消费总量方面进展缓慢，能源消费过快增长的势头没有得到有效的遏制，可再生能源发展受阻，能源结构改善进展缓慢，但更关键问题还是在于坚定信念和理清思路。在这一问题上，我们既有丰富的经验，也有深刻的教训。

众所周知，20 世纪最后的 20 年，我国出现了能源消费和经济发展"脱钩"的好局面，即能源消费总量由 1980 年的 6 亿吨标准煤增加到 2000 年的 12 亿吨标准煤，保证了国民生产总值 2000 年与 1980 年相比较增长了 4 倍，实现了"一番保两番"（能源消费翻一番，国民经济翻两番）的世界奇迹。当 2000 年开始展望 2020 年全面建成小康社会的能源发展规划时，所有的能源和经济工作者信心百倍，因为通过改革开放 20 年的发展，和 1980 年相比较，我们发展的理念更加清晰、产业体系更加完善、基础设施更加完备、思想观念更加先进，尤其是党中央提出了"建设资源节约型、环境友好型社会"和坚持"走新型工业化道路"的科学发展观的思想，借鉴 1980—2000 年的经验，我国在 21 世纪最初 20 年，应该更有能力延续 1980—2000 年的势头，实现能源与经济关系"一番保两番"的目标。所以 2004 年，《2020 年我国能源发展规划纲要》对能源需求总量提出了约束性目标，即 2020 年能源消费总量不超过 24 亿吨标准煤，电力行业超前发展，2020 年实现发电装机 9.6 亿千瓦，是 2000 年的 4 倍。

　　然而，"十五"和"十一五"的发展轨迹完全脱离了人们的预判，仅仅三年之后的 2007 年，全国的能源消费总量即超过 2020 年的控制目标，达到了 25 亿吨标准煤，2009 年又超过了 30 亿吨标准煤，2010 年全国的发电装机也突破了 2020 年的规划目标，达到了 10 亿千瓦。2009 年，为了遏制能源尤其是煤炭过快增长的势头，时任国家能源局局长的张国宝同志提出了 2015 年把煤炭消费控制在 40 亿吨的愿望，然而，仅仅过了三年即 2012 年，我国的煤炭消费量即接近 40 亿吨，2013 年突破 40 亿吨已无悬念。

　　面对"十五""十一五"和"十二五"前三年的局面，社会各界对 2015 年能源消费总量控制在 40 亿吨标准煤和 2020 年控制在 50 亿吨标准煤信心不足是理所当然的。然而，现实局面是，即使 2020 年国民生产总值与 2000 年相比翻两番的目标能够实现，21 世纪初 20 年我国经济的能源总体效率也仅仅是 20 世纪最后 20 年的 1/2。20 世纪最后的 20 年和 21 世纪最初十几年的经验教训表明：控制能源消费总量是遏制能源消费过快增长的根本措施。然而，空洞的口号和单纯的技术指标可能导致我们被取得的众多技术指标的快速进步、一项项节能工程的竣工和一个个节能项目的达标等一场场胜利冲昏了头脑，也会陶醉在单位 GDP 能源强度指标全面完成的胜利之中。10 年过后，我们也许还不一定能够认识到，在节能减排这场旷日持久的战争中，"我们几乎打赢了每一场战役的胜利，但是我们实际上是不是已经输掉了节能环保的整个战争？"现在，我们开始着眼"十三五"规划的发展思路，总结和汲取以前的经验和教训对能源工作者和经济工作者来讲都是十分重要的。

　　21 世纪最初的十多年里，能源给经济发展提供了过于宽松的环境，我国强大的基础设施建设能力使得我们每年增加 2 亿～3 亿吨标准煤、每年增加 1 亿千瓦的发电装机以及增加 5 000 万吨原油的供应都是轻而易举的事情。然而，恶化的环境质量，尤其是蔓延于大江南北的雾霾问题都对能源供应和消费提出了新的要求，满足供应不再是能源安全的唯一指标。清洁化、低碳化是能源生产革命的方向，控制能源消费总量和提高能源效率是能源生产的方向。依据这个大的原则和方向，理清我国能源生产和消费革命的基本思路十分必要，否则，我们很有可能重蹈覆辙。

中国能源生产革命的核心是"革'以煤为主'的命"，能源消费革命的核心是在满足人民生活质量提高和经济发展客观要求的条件下控制能源消费总量，提高经济发展的能源总体效率。总体来说，推动中国能源生产和消费革命和生产革命要分三步走：第一步，结合当前大气环境质量治理，全面遏制化石能源，特别是煤炭消费过快增长的势头，到 2020 年实现煤炭的零增长，开启我国能源生产和消费的革命之路，迫使我国能源体系走上清洁化和低碳化之路；第二步，2020 年之后，利用 10 ～ 20 年的时间，通过大幅度提高天然气的消费比例，为大比例提高可再生能源利用率奠定基础，完成我国能源清洁化的进程，同时构建我国能源走向低碳化的道路和桥梁；第三步，从 2040 年或者 2050 年开始，全面推动我国能源低碳化和零碳化的进程，再利用 30 ～ 50 年的时间，在 21 世纪末，实现中国能源的零碳化。

然而，全球和我国的能源生产和消费革命的道路都是不平坦的，但其目标是一致的，即能源的清洁化和低碳化。全球除了中国、印度和波兰等少数国家之外，已经完成了清洁化的进程，并且开启了低碳化发展之路。我们的困难在于，需要在完成清洁化的同时完成低碳化。这就意味着我们的困难更大，积累的问题更多，也就更需要我们有直面问题和困难的勇气，通过学习、实践从而解决问题的决心和持之以恒、慢慢改变的耐心。

2014 年是我国能源生产和消费革命的起步之年，需要能源工作者提前

做好"十三五"能源和环境规划，将能源和环境的约束提前告知全社会，
改革一切与能源生产和消费革命目标相悖的体制、机制和政策，统筹治理
雾霾、节能减排和应对气候变化之间的工作，最重要的是要落实控制煤炭
消费总量的具体措施，扩大清洁、低碳能源供应，为构建安全、清洁和高
效的能源体系开个好头。

（撰稿人：李俊峰）

关于 IPCC 第五次评估报告最新结论的
简要分析和建议

政府间气候变化专门委员会（Intergovernmental Panel on Climate Change, IPCC）是世界气象组织（WMO）和联合国环境规划署（UNEP）于 1988 年 11 月联合建立的政府间专门机构，向 UNEP 和 WMO 全体会员国开放。其主要任务是以科学问题为切入点，以全世界公开发表的文献为基础，评估气候变化有关科学、影响、适应与减缓方面的进展，为《联合国气候变化框架公约》（以下简称《公约》）谈判提供科学支持。IPCC 目前下设三个工作组和一个特设工作组，其中第一工作组评估气候与气候变化科学知识的现状，第二工作组评估气候变化影响及适应对策，第三工作组提出减缓气候变化的可能对策，清单特设工作组为国家温室气体清单编制提供技术支持。

IPCC 已分别于 1990 年、1995 年、2001 年、2007 年和 2014 年先后发布五次评估报告，这些报告由各国政府推荐的主要作者共同义务编写完成。根据《IPCC 工作原则》，IPCC 评估报告从大纲确定到最终发布需要执行 11 个程序，其间包括两轮严格的专家和政府评审，尤其是最终发布的报告决策者摘要，需由各国政府代表与作者共同在工作组会上逐句审议通过。因此，总体上，IPCC 报告汇集了全球最新的气候变化科学研究成果，被认为是国际社会对气候变化科学认识方面权威和主流的共识性文件，并成为国际社会建立应对气候变化制度、采取应对气候变化行动最重要的科学基础，也是各国政府制定本国应对气候变化政策、采取应对措施的主要科学依据。

中国从 IPCC 成立之初就参与了历次评估工作，中国气象局是 IPCC 中国国内牵头组织单位，中国气象局局长是 IPCC 在中国的联络人，代表中国政府组织参与 IPCC 活动、组织政府/专家评审和作者推荐。2008 年，IPCC 开始启动第五次评估报告（AR5）的编写，经过全球 800 余位科学家历时近 7 年的努力，2013 年 9 月—2014 年 10 月，IPCC 陆续发布了 AR5 第一、第二、第三工作组评估报告和综合报告。中国有 43 位科学家担任第五次评估报告作者，其中 8 位章主笔，数百人次专家参加报告的政府和专家评审，中国科学家近千篇论文被 IPCC 第五次评估报告所引用。

一、AR5 第一工作组报告《气候变化 2013：自然科学基础》

2013 年 9 月 23—27 日，政府间气候变化专门委员会（IPCC）第 36 次全会暨第一工作组第 12 次会议在瑞典斯德哥尔摩召开。经过各国政府代表四天两夜的艰苦辩论，会议通过了 IPCC 第五次评估报告第一工作组报告《气候变化 2013：自然科学基础》的决策者摘要，并接受了全报告。该报告由来自 39 个国家的 259 位作者（含 18 位中国科学家），历时 5 年完成。作为第五次评估报告发布的第一份工作组报告，《气候变化 2013：自然科学基础》全文共 14 章，约 2 500 页，涵盖了气候系统观测、气候系统人为和自然驱动因子、气候变化归因和未来气候变化趋势预估等内容。经过各国政府逐行审议的决策者摘要以高度概括的文字，系统性地给出了与国际应对气候变化进程密切相关的科学结论。

（一）以更多的观测证据证明了全球气候变暖的客观事实

自 2007 年 IPCC 第四次评估报告发布以来，基于卫星等更多观测资料

的大量使用，为分析气候变化观测事实提供了更多信息来源，报告认为全
球气候系统变暖毋庸置疑，20 世纪中叶以来观测到的许多变化前所未有。

1. 气温上升

最近的 3 个 10 年比 1850 年以来其他任何一个 10 年都更温暖；1983—
2012 年可能是过去 1 400 年来最热的 30 年；1880—2012 年全球地表平均
温度上升约 0.85℃；1998—2012 年全球地表增温速率趋缓，但不能在总体
上反映长期气候变化的长期趋势。

2. 海平面上升

1901—2010 年全球平均海平面上升速率为每年 1.7 毫米，1971 年以来
的上升速率加快，其中 1993—2010 年期上升速率为每年 3.2 毫米。

3. 冰冻圈退缩

1971 年以来全球冰川普遍退缩，1979 年以来北极海冰面积以每 10 年
3.5% ～ 4.1% 的速率缩小，但同期南极海冰面积以每 10 年 1.2% ～ 1.8%
的速率增大。

4. 温室气体浓度增加

2011 年，大气中二氧化碳、甲烷、氧化亚氮等温室气体体积分数分别
为 $391×10^{-6}$、$1 803×10^{-9}$ 和 $324×10^{-9}$，是近 80 万年以来前所未有的，
分别相对于工业化前升高了 40%、150% 和 20%。海洋吸收了约 30% 人为
排放的二氧化碳，导致海洋酸化。

（二）进一步确认了人类活动和全球变暖之间的关系

人类活动对气候系统影响的大小通常以人为辐射强迫值来定量表示，
正的总辐射强迫使气候系统吸收更多的能量。报告认为，相对于 1750 年，
2011 年总人为辐射强迫值为每平方米 2.29 瓦，比第四次评估报告给出的
2005 年总人为辐射强迫值（每平方米 1.6 瓦）高出 43%，其中 1750 年以

来大气二氧化碳浓度的增加是人为辐射强迫值增加的主要原因。报告认为，目前已经能在大气和海洋变暖、水循环变化、冰雪消退、全球海平面上升以及极端气候事件的变化中检测到人类活动影响的信号。因此极可能（即95% 以上的可能性）的是，人类活动导致了 20 世纪 50 年代以来一半以上的全球变暖。

（三）强调温室气体的增加将使气候进一步变暖，气候系统进一步变化

基于新一代气候系统模式和不同的排放情景，报告认为，21 世纪末全球地表平均气温可能在目前的基础上升高 0.3～4.8℃；热浪、强降水等极端事件发生的频率将增加；全球降水将呈现"干者愈干、湿者愈湿"趋势；海洋上层温度将升高 0.6～2.0℃，热量将从海表传向深海，并影响海洋环流；海平面可能上升 0.26～0.82 米；9 月的北极海冰面积可能减少43%～94%，北半球春季积雪面积可能减少 7%～25%，全球冰川体积减少 15%～85%；海洋对二氧化碳的进一步吸收将加剧海洋的酸化。控制气候变化将要求大幅度、持续地减少温室气体的排放。

（四）量化评估了 2℃温升目标下的累积排放空间

报告认为，21 世纪末及其后的全球平均地表变暖主要取决于二氧化碳的累积排放量。即使停止二氧化碳排放，气候变化的许多方面仍将持续多个世纪。把升温幅度控制在 2℃（与 1861—1880 年相比）以下，全球排放空间可能为 10 000 亿吨二氧化碳、12 100 亿吨二氧化碳和 15 600 亿吨二氧化碳，分别对应 66%、50% 和 33% 概率，但是已有 5 310 亿吨二氧化碳在 2011 年前就被排放到大气中。

二、AR5 第二工作组报告《气候变化影响、适应和脆弱性》

2014 年 3 月 25—30 日，政府间气候变化专门委员会（IPCC）第 38 次全会在日本横滨召开，审议通过了 IPCC 第五次科学评估第二工作组《气候变化影响、适应和脆弱性》报告。该报告由来自 70 个国家的 309 位作者（包括 12 位中国科学家）历时 6 年完成，报告共 30 章，2 700 余页。该报告基于全球范围的最新科研成果，对全球和区域的气候变化影响、适应和脆弱性进行了全面评估，涉及气候变化对自然生态系统和关键经济部门的影响、气候变化影响的归因和脆弱性，以及气候风险及适应选择等问题。

1. 以风险管理为切入点评估了气候变化的影响和适应

与前四次 IPCC 评估报告不同，本次评估报告以气候相关风险及其管理为核心，通过对危害、适应和风险等基本概念的清晰界定[1]，报告认为，气候变化带来的风险会对自然生态系统和人类社会发展产生影响；而社会经济路径、适应和减缓行动以及相关治理又将影响气候变化带来的风险。人类社会可以采取适应行动缓解风险，同时社会经济发展路径特别是减缓选择又会改变人类对气候系统的影响程度，进而减少气候变化带来的风险。总体而言，气候变化、影响、适应、经济社会过程等不再是一个简单的单向线性关系，需要在一个复合统一的系统框架下予以认识和理解。

2. 揭示出气候变化已经对自然生态系统和人类社会产生了广泛影响

气候变化对自然生态系统影响的证据最全面有力，而对人类社会中的某些影响也已归因于气候变化。

---

[1] 危害通常指与气候相关的事件、趋势对人员生命财产和健康造成的损害。影响通常指极端天气和气候事件以及气候变化对自然和人类系统的影响。风险通常指不利气候事件发生的可能性及其后果的组合。

（1）水资源

很多地区的降水变化和冰雪消融正在改变水文系统，并影响到水资源量和水质；许多区域的冰川持续退缩，影响下游的径流和水资源；高纬度地区和高海拔山区的多年冻土层变暖和融化。对全世界 200 条大河的径流量观测揭示出，有 1/3 的河流径流量发生趋势性的变化，并且以径流量减少为主。

（2）生态系统

部分生物物种的地理分布、季节性活动、迁徙模式和丰度等都发生了改变。1982—2008 年，北半球生长季的开始日期平均提前了 5.4 天，而结束日期推迟了 6.6 天；2000—2009 年全球陆地生产力较工业化前增加了约 5%，相当于每年增加了 26 亿 ±12 亿吨陆地碳汇。部分区域的陆地物种每 10 年向极地和高海拔地平均推移了 17 公里和 11 米。

（3）粮食生产

气候变化对粮食产量的不利影响比有利影响更为显著，其中小麦和玉米受气候变化不利影响相对水稻和大豆更大。气候变化导致的小麦和玉米减产平均约为每 10 年 1.9% 和 1.2%。

（4）人体健康

气候变化可能已促成人类健康出现不良状况，与其他胁迫因子的影响相比，因气候变化引起健康不良的负担相对较小。

（5）近期的极端天气气候事件

极端天气气候事件如热浪、干旱、洪水、热带气旋和野火等，显示了自然生态系统和人类社会对气候变化的脆弱性。气候灾害可能加剧一些地区原有的冲突和压力，影响生计（特别是贫困人口），并使一些地区的暴力冲突加剧，从而进一步降低当地对气候变化不利影响的适应能力。报告认为，除自然生态系统的被动适应外，人类社会也正基于观测和预测到的气候变化影响，制定适应计划和政策，采取了一些主动适应的措施，并在发展过程中不断积累经验，实现发展。

3. 预估了未来气候变化的可能影响和风险

该报告评估了气候变化对水资源、生态系统等 11 个领域和亚洲、欧洲等 9 大区域（大洲）自然生态系统与人类活动的影响，同时考虑不同领域和不同区域的适应潜力，预估了采取不同水平的适应措施后所面临的风险，并提出相应的适应措施。

（1）水资源

随着温室气体浓度的增加风险将显著增加，21 世纪许多干旱亚热带区域的可再生地表和地下水资源将显著减少，部门间的水资源竞争恶化。升温每增加 1℃，全球受水资源减少影响的人口将增加 7%。

（2）生态系统

21 世纪将面临区域尺度突变和不可逆变化的高风险，如寒带北极苔原和亚马逊森林；21 世纪及以后，加之其他压力作用，大部分陆地和淡水物种面临更高的灭绝风险。

（3）粮食生产与粮食安全

如果没有适应，局地温度比 20 世纪后期升高 2℃或更高，预计除个别地区可能会受益外，气候变化将对热带和温带地区的主要作物（小麦、水稻和玉米）的产量产生不利影响；到 21 世纪末粮食产量每 10 年将减少 0 ~ 2%，而预估的粮食需求到 2050 年则每 10 年将增加 14%。

（4）海岸系统和低洼地区

将有更多因海平面上升导致的淹没、海岸洪水和海岸侵蚀等不利影响。由于人口增长、经济发展和城镇化，未来几十年沿岸生态系统的压力将显著增加；到 2100 年，东亚、东南亚和南亚的数亿人口将受影响。

（5）人体健康

气候变化将通过恶化已有的健康问题来影响人类健康，加剧很多地区尤其是低收入发展中国家的不良健康状况。

（6）经济部门

对于大多数经济部门而言，温升 2℃左右可能导致全球年经济损失占其收入的 0.2% ～ 2.0%。

（7）城市和农村

许多全球的风险集中出现在城市地区，而农村地区则更多面临水资源短缺、食物安全和农业收入的风险。

总体上，相对于工业化前温升 1℃或 2℃时，全球所遭受的风险处于中等至高风险水平，而温升超过 4℃或更高将处于高或非常高的风险水平。其中亚洲面临的关键风险主要体现在河流、海洋和城市洪水增加，对亚洲的基础设施、生计和居住区造成大范围破坏；与高温相关的死亡风险及与干旱相关的水和粮食短缺造成的营养不良风险也将上升。

4. 提出了减少和管理气候变化风险的基本途径

该报告强调对于已经和即将发生的不利影响，适应的效果更为显著，但控制长期风险必须强化减缓，近期关于减缓和适应的选择将对整个 21 世纪的气候变化风险产生重要影响。由于没有普适的风险管理措施，适应行动必须因地制宜。国家应建立法律框架，保护脆弱群体，提供信息、政策和财政支持，并通过各级地方政府协调适应行动；地方政府和私营部门则需在促进社区和家庭风险管理方面起更大作用。报告提出了气候恢复力路径的概念，并认为这是实现可持续发展下主动适应的必由之路。报告认为气候变化程度的加剧会导致适应极限的出现，减缓行动的延迟将减少未来气候恢复力路径的选择余地，而经济、社会、技术和政治决策行动的转型将使气候恢复力路径成为可能。

三、AR5 第三工作组报告《气候变化减缓》

2014 年 4 月 7—12 日，政府间气候变化专门委员会（IPCC）第三工作组第 12 次会议暨第 39 次全会在德国柏林召开，审议通过了《气候变化减缓》评估报告。该报告共 16 章，约 2 000 页，内容包括减缓气候变化的理论基础、概念框架、目标、路径及政策机制等，其核心内容是，2℃温升目标下的全球长期减排的路径，以及在此限定目标下能源、交通、建筑、城镇建设等领域的发展路径与技术选择。这将成为《联合国气候变化框架公约》谈判特别是德班平台谈判的重要依据。该报告由来自 57 个国家的235 位作者（包括 14 位中国科学家）历时 6 年完成。

1. 过去 40 年人为排放的温室气体总量约占 1750 年以来总排放量的一半，最近 10 年是排放增长最多的 10 年

报告认为，1970—2010 年全球人为排放的温室气体量呈加速增长趋势，这 40 年人为排放的温室气体总量约占 1750 年以来总排放量的一半，化石燃料和工业过程产生的二氧化碳是温室气体增长的主要来源[①]。全球经济和人口增长是二氧化碳排放增长最重要的驱动因子。2000—2010 年排放的温室气体量是排放绝对增幅最大的 10 年，年均温室气体排放增速从 1970—2000 年的 1.3% 增长到 2000—2010 年的 2.2%，仅 2010 年的全球总排放量就达到了 490 亿吨二氧化碳当量。从增长的温室气体种类看，1970—2010 年 78% 的增长来自化石燃料燃烧和工业过程产生的二氧化碳。以 2010 年为例，二氧化碳占 76%，其后依次为甲烷（16%）、氧化亚氮（6.2%）、氟化气体（2.0%）。从排放增长的部门分布上看，2000—2010 年，排放增长的 47% 来自能源供应、30% 来自工业、11% 来自交通运输业、3% 来自

[①] 从 1750 年起算，到 1970 年，由化石燃料燃烧、水泥生产的 CO_2 累积排放为 420 ± 35 $GtCO_2$，而到而到 2010 年，这一数字已增长至 1300 ± 110 $GtCO_2$；来自林业及其他土地利用产生的 CO_2 累积排放则从 1970 年的 490 ± 180 $GtCO_2$ 增长至 2010 年的 680 ± 300 $GtCO_2$。

建筑业。报告认为，若不在现有措施基础上加大减排力度，全球人口增长
和经济活动将继续推动排放增长。

**2. 要实现在 21 世纪末 2℃温升的目标，需要将温室气体体积分数控制
在 450×10^{-6} 二氧化碳当量**

报告认为，最有可能在 2100 年将全球温升控制在工业革命前 2℃以内，
就是将温室气体体积分数控制在 450×10^{-6} 二氧化碳当量。为此，到 2030
年全球温室气体排放量要限制在 500 亿吨二氧化碳当量，即 2010 年排放
水平；2050 年全球排放量要在 2010 年基础上减少 40% ～ 70%；2100 年实
现零排放。这就要求对能源体系进行大规模改变，例如，使 2050 年全球
零碳或低碳能源供应占比达到当前的 3 ～ 4 倍等。如果在 21 世纪末温室
气体体积分数控制在 500×10^{-6} 二氧化碳当量，也存在着实现 2℃温升目
标的可能性，但只能允许大气中温室气体体积分数在 2100 年之前暂时性
超过 530×10^{-6} 二氧化碳当量，然后再恢复到较低浓度水平，这意味着需
要在后期实施更高强度的减排。

报告认为，各国在"坎昆协议"下的许诺不符合成本较低的长期减排
轨迹（即 450×10^{-6} 和 500×10^{-6} 情景下的轨迹），而减排行动的迟滞
将大大增加 2℃温升目标下的减排难度。在全球碳价统一、技术可获得、
减排行动迅速等的理想状态下，预计要实现 2100 年温室气体体积分数控
制在 450×10^{-6} 情景的目标，2030 年可能造成的消费损失为 1% ～ 4%、
2050 年为 2% ～ 6%、2100 年为 3% ～ 11%，减排的成本因各国国情而异。

**3. 要实现在 21 世纪末 2℃温升的目标，需要能源供应部门进行重大变
革，并及早实施系统的、跨部门的减排战略**

报告提出，能源供应是温室气体排放增长的主要来源，如果不采取进
一步减排措施，2050 年全球能源供应产生的直接二氧化碳排放量将增加
到 2010 年排放量的 2 ～ 3 倍。实现到 21 世纪末 2℃温升的目标，需要对

能源供应部门进行重大变革，2040—2070 年温室气体排放要在 2010 年水平上下降 90% 或以上。2050 年，应有超过 80% 的发电装置实现脱碳，而来自可再生能源、核能，以及使用 CCS（碳收集和储存技术）的化石能源等零碳或低碳能源供给占一次能源供给的比重需达到 2010 年水平（约 17%）的 3 ～ 4 倍。

在能源应用领域，1）2010 年占最终能源使用 27% 的交通部门，如果依靠节能技术、交通工具改进、行为变化、基础设施改进和城市发展，到 2050 年交通领域可比基准情景减少 40% 的能源需求。2）2010 年占最终能源使用 32% 的建筑部门，新技术、知识和政策将能使该部门在 21 世纪中期稳定甚至减少能源的使用；系统的能效政策、建筑法规和标准将是建筑部门最重要的减排手段之一。3）2010 年占最终能源使用 28% 的工业部门，通过升级改造、换代、采用最好的技术等措施，该部门能源强度有望在现有基础上减少 25%；除能效外，降低单位排放、回收利用材料、减少产品需求等也将是工业部门有效的减排措施。

报告还认为，林业最有效的减排手段是造林、减少砍伐和可持续的森林管理。农业最有效的手段是农田、牧场管理和恢复有机土壤。城市化带来收入增长的同时也带来高能耗和高排放。当前，城市减排行动还仅集中在提高能效上，很少从土地规划、跨部门措施上遏制扩张来实现减排。由于快速城市化地区的城市格局和基础设施尚未锁定，这些领域存在最大的减排机会。

报告还指出，基础设施建设和耐用产品生产一旦将社会锁定在高排放路径上，要改变起来将十分困难，且代价高昂。因此，能源供应与能源终端用户部门之间在减排步调上具有很强的相互依赖性，及早实施系统的、跨部门的减排战略，可以减少成本、提高成效。

4. 强调了应对气候变化中的可持续发展、公平和合作的重要性，气候政策应与其他社会（环境）问题的治理相协调

报告认为，可持续发展和公平原则是评估气候政策和应对风险的基础；减缓和适应气候变化都存在公平问题。由于不同国家的历史和未来排放不同，适应和减缓气候变化面临的挑战也不同。而气候政策的制定涉及价值和伦理的判断，如果仅仅考虑某个体的自身利益，就无法有效地减缓气候变化。

报告认为，由于气候政策与其他社会目标相互交叉，如果统筹管理得当，是可以实现气候行动与其他社会（环境）问题的协同治理。在实现 2℃ 温升目标的情景下，提高大气质量和保障能源安全的成本都将下降，减缓气候变化的行动将对保护人类健康、生态系统和自然资源、维持能源系统稳定性，并在可持续发展框架下得到更为全面的评估和认识。

5. 全球减排温室气体的行动将会改变现有的投资模式，《公约》仍然是国际社会应对气候变化的主要多边平台

报告认为，温室气体持续减排的行动将使资金更多流向非化石能源和提高能效的领域。自 2007 年巴厘岛气候变化大会以来，《公约》的实施已经使越来越多的机构加入气候变化国际合作的行列，区域、国家和次国家的政策行动将对全球减缓气候变化产生长远影响。

四、对 IPCC 第五次评估报告的基本评价

IPCC 评估报告是由各国政府推荐的优秀科学家共同努力编写完成的，并经过各国专家和政府的多轮评审，程序公开透明，代表了当今科学界对气候变化及其影响应对的认识水平，具有很强的科学基础和政策导向性，其结论将极大地推进国际社会了解和应对气候变化的进程。这次综合评估

报告关于气候变化科学、适应、减缓等方面的结论，将成为今后国际社会采取应对气候变化行动的重要科学依据。

（一）报告进一步夯实了应对气候变化的科学性和必要性

尽管 IPCC 评估报告引用的文献和数据主要来自发达国家，但主要结论是基于多源和长期观测数据，对全球气候变化事实的评估还是比较客观的。IPCC 第五次评估报告以更多的事实和证据进一步证实了全球气候变暖，以及人类活动对全球气候变暖的影响，进一步强调了国际社会合作应对气候变化的重要性和紧迫性，也进一步夯实了应对气候变化的科学性和必要性。

（二）报告进一步明确了应对气候变化适应与减缓并重问题

该报告进一步强调，要控制长期风险，就必须强化减缓气候变化的行动，重视适应气候变化工作。报告以气候风险为切入点对气候变化对水资源、生态系统等 11 个领域和全球 9 大区域自然生态系统与人类社会影响的评估，提出了减少和管理气候变化风险的基本途径，进一步明确了应对气候变化适应和减缓并重的理念和行动的重要性，为推进有效管理气候变化风险，采取有效的适应气候变化行动提供了有益的方法和借鉴。

（三）报告强调了全球长期减排和绿色低碳发展的重要性

该报告强调，如果目前不加大减排的努力，气候变暖将使全球在 21 世纪末面临更为严重、广泛和不可逆影响的风险，国际社会必须为全球及早实现排放峰值而努力。报告将自然科学与社会经济研究相结合，量化评估了 2℃温升目标下的累积排放空间，提出了全球长期减排的路径，以及不同减排要求下能源、交通、建筑、工业、城镇建设等领域低碳发展途径和技术选择。这将增强全球采取进一步减排措施的紧迫感,加快绿色低碳发展。

(四)报告强调建立更为合理的国际应对气候变化的制度

该报告阐述了国际、区域和国家层面在应对气候变化方面合作的重要性,以及关键减缓和适应技术开发、扩散和转让、适应行动等的重要作用。这将有利于推进各国在应对行动和关键技术研发上的合作,也为广大发展中国家争取公平、合理的国际气候变化应对制度安排提供了重要依据。

五、IPCC 第五次评估报告的经验借鉴

当前国际社会正在积极努力,通过气候变化谈判,期望在 2015 年达成应对气候变化的国际协议。我国正在加快经济结构的调整升级,推进低碳发展、绿色发展。IPCC 第五次评估报告的发布,将对我国在气候变化内政外交中产生积极的影响。

(一)科学解读 IPCC 评估报告及其对国际气候变化谈判的影响

IPCC 第五次评估报告是 2015 年巴黎气候变化大会达成 2020 后国际气候协议前最具影响力的科学文件。报告提出的减排目标、未来排放空间、长期减排路径等结论,将对未来国际气候变化机制安排产生重大影响。各方都在以 IPCC 评估报告结论为科学依据,研究策略和方案。我国应组织参与谈判的有关部门和人员深入研读和分析 IPCC 评估报告。

（二）借鉴先进理念，做好我国节能减排工作，推进绿色低碳发展

加快能源消费、供给、技术和体制等变革，提高能源使用效率，实现绿色低碳发展，是生态文明建设的应有之义。IPCC 评估报告在行业减排路径和技术选择上的结论，对我国应对气候变化行动具有很好的借鉴作用。我们应就我国碳排放峰值、实现路径和主要行业技术选择等深入研究，及早规划，出台政策和措施，强化关键技术的自主创新和国际合作研发，全面推进《国家应对气候变化规划（2014—2020 年）》的落实。

（三）重视适应气候变化工作，加强气候风险管理

随着我国经济社会的发展，全球气候变暖导致的极端天气气候事件增多增强，所带来的气候风险将明显增大。IPCC 评估报告提出了气候风险管理先进理念和有益实践，对我国适应气候变化具有很好的借鉴作用。我们应全面落实《国家适应气候变化战略》，加强气候灾害风险评估，认真做好区域发展、城市建设、重大工程等的气候承载力评价和影响分析，科学防御和积极应对极端天气气候灾害，强化适应领域的技术研发与应用，提升气候风险管理能力。

（四）加强气候变化关键科学问题研究，提升科技支撑能力

我国共有 44 位科学家入选成为 IPCC 第五次评估报告作者，人数为历次评估报告之最，有近千篇论文被报告所引用。来自中国气象局、中国科学院等单位的 6 个气候系统模式参与了气候变化评估，体现了我国气候变化科学领域的进步。但是，在气候变化关键科学技术上，我国研究水平与发达国家相比差距较大，在减排等关键科学问题上，我国研究不多，难有

话语权。我们应认真总结关系国家利益的气候变化关键科学问题，集中科技力量攻关研究，提升我国在国际气候变化科学领域的话语权和影响力，为参与国际气候变化谈判提供强有力的科学和人才支撑。

（撰稿人：高云　袁佳双　任颖）

中美 2020 年后气候行动
联合声明的简要评述

2014 年 11 月 12 日，中美两国共同发表了气候变化联合声明，两国元首宣布了 2020 年后应对气候变化行动目标。中国提出在 2030 年左右达到二氧化碳排放峰值，并争取早日实现峰值，此外，还计划到 2030 年将非化石能源占一次能源消费比重提高到 20% 左右。美国的目标则是到 2025 年将温室气体排放总量在 2005 年的基础上减排 26% ~ 28%，并努力实现最高 28% 的减排目标。在各国为 2015 年协议的达成准备"国家自主贡献"的关键时刻，中美此举无疑将为推动国际社会达成有力度的全球气候协议注入新的动力，对两国国内低碳发展和转型提供坚实的政策保障。

一、中美行动目标的显示度

中美行动目标体现了两国加强合作、努力应对气候变化的决心，但实现该目标需要两国加大能源生产和消费方式的转变力度。美国若实现 2025 年温室气体排放相对 2005 年下降 26% ~ 28% 的目标，相当于其在完成 2020 年 17% 减排目标的基础上，到 2025 年时其排放量比 2020 年将进一步下降 11% ~ 13%，相比 1990 年则要下降 14% ~ 16%；年均温室气体排放下降速率将翻番，即从 2005—2020 年的 1.2% 增加到 2020—2025 年的 2.3% ~ 2.8%，即人均温室气体排放下降到 15 吨 / 人左右。若延续这一下降速率，美国在 2030 年则有望在 2005 年的基础上下降 36% ~ 38%。如美国能完成 28% 的减排目标，其 2025—2050 年的年均减排速率将进一步提

升到 5%，即在 2020—2025 年的基础上再翻番，并有望实现 2050 年相对
2005 年减排 80% 的目标。

若中国能通过转变经济发展模式、促进产业转型升级、提高能效和
大力发展非化石能源等举措并成功实现在 2030 年前达到温室气体排放峰
值，就将成功开创一条比美欧峰值更低的创新型发展道路。此外，中国若
在 2030 年左右实现二氧化碳排放峰值，这将意味着其单位 GDP 的二氧化
碳排放下降率需大于 GDP 年均增长率，即在 2030 年左右，如果中国 GDP
保持 5% 左右的增速，则二氧化碳排放强度的下降率要高于 2005—2020 年
的 3.3% ～ 4%，甚至超过 5%。非化石能源比重是中国实现峰值的重要保
障，它将确保中国单位能耗的二氧化碳强度年下降率大于能源消费年均增
长率。同时，中国到 2030 年如能实现 20% 左右的非化石能源目标，则意
味着中国非化石能源需以年均 6% 左右的速度增长，需新增 8 亿～ 10 亿千
瓦的核能、太阳能、风能和其他可再生能源装机，相当于中国当前的煤电
装机总和。

二、中美行动目标的国际影响

2013 年，华沙缔约方会议确定了"自下而上"的行动目标承诺体系，
要求各国准备各自的"国家自主贡献"。华沙会议后，各国一直围绕着贡
献的力度、贡献的审评以及与 2015 年协议的关系等具体议题进行激烈的
争论。尽管各国在国内均开始准备各自贡献，但由于有关议题的谈判进展
缓慢，只有欧盟提出了 2030 年在 1990 年基础上减排 40% 的目标草案。行
动目标是国家自主贡献的核心内容，也一直是谈判的焦点，甚至在很多发
达国家看来，行动目标是国家自主贡献的唯一内容。随着联合国气候峰会
前夕欧洲理事会批准通过了欧盟 2030 年的行动目标，中美共同宣布 2020

年后行动目标意味着占全球碳排放近一半的经济体提前完成了国家自主贡献核心内容的准备工作，这必将给 2015 年协议谈判注入最新推动力，激励其他缔约方尽快提出更具力度的减限排目标，增强各国互信，重塑各缔约方对联合国多边机制解决气候变化问题的信心。

从更大的范围看，中美共同宣布行动目标向全球释放出坚定不移走低碳发展道路的强烈信号。中美两国是全球最大的两个经济体，都具有明显的高碳特征。美国的高碳经济特征来自于高排放、高能耗的生活方式；中国则是由于正处在工业化和城镇化的高碳排放发展阶段。因此，两国共同宣布行动目标，将对全球经济低碳转型提供强大动力。

联合声明发出后，各大主要媒体纷纷对中美共同宣布行动目标表示欢迎，称其为中美气候变化合作的"里程碑"，在中美气候变化工作合作基础上迈出了重要一步，同时也为 2014 年底的利马气候大会创造了良好氛围。但与此同时，一些媒体也公开表示，中国此次并未提出绝对减限排目标，不能满足美国共和党的要求，对共和党控制的参众两院能否支持奥巴马的新目标表示担忧。

三、目标落实的保障性分析

中美国情不同，两国温室气体排放控制目标在国内落实时面临的挑战也不同，但相同之处都在于需要有国内的法律和政策保障。对于中国来说，在 2030 年前后达到峰值，意味着碳强度在 2015—2030 年的下降幅度要超过"十一五"和"十二五"时期，并需适时实施二氧化碳排放总量控制制度，可再生能源生产也要实现大跨步的增长。这不仅需要将"转方式、调结构"落实到未来的国民经济发展规划和相关政策当中，更需要将"依法治国"落到实处，切实履行已出台的政策和法律。可以说，中国面临的困难是实实在在的，但为实现目标中国也在一直作出切实的努力。目前，中国国内各界对于控制温室气体排放已达成了相对广泛共识，此次宣布的新目标为国内地方政府、产业界和科技界等传递了更加明确的信号，对于促进低碳技术研发、扩大低碳投资规模和真正利用低碳技术等都将起到良好的作用。

对于美国而言，其提出的新目标力度并未超出国际社会预期，实现目标的难度相对不大。尤其是最近几年，气候变化作为奥巴马总统的优先事项得到了大力推进，在提高建筑能效和发展可再生能源领域也取得了相当的成效。在州政府层面，加州以及东北部十几个州在碳排放交易领域作出了有益的探索；在联邦层面，奥巴马政府通过督促环保局出台电厂排放标准、提高联邦建筑能效和可再生能源比例等也已付出了切实的努力。然而，随着中期选举共和党掌控国会参众两院，要真正实现该目标将面临较大的政治风险和压力。事实上，行动目标刚一出台，美国参议院共和党领袖、即将出任美国参议院多数党领袖的麦康奈尔就指出："总统将把完成这一不切实际的计划的任务交给他的继任者，而这个计划将增加公用事业费率并显著地减少就业"。可见奥巴马政府提出的新目标要在国会获得支持或通过还是存在较大的阻力，也许不能仅通过有限的行政法律授权，同时还需通过提高电厂排放标准以及交通和建筑领域能效标准来实现减排目标。同时，奥巴马任期结束后，美国应对气候变化的行动力度、政策的延续性等都是未知数。因此，美国的新目标虽然看似"触手可及"，但实际上却面临较大的不确定性。

四、中美下一步的合作潜力

中美在能源、环境等相关领域的合作自 20 世纪 80 年代已经开始，两国在气候变化领域的合作近年来也逐渐向机制化方向发展，形成了良好的合作基础。2013 年 4 月，中美两国共同发布了《气候变化联合声明》，揭开了在气候变化领域合作的新篇章。两国政府建立了气候变化工作组，决定在车辆减排、提高建筑和工业能效、碳捕集利用和封存（CCUS）、温室气体数据管理、智能电网五个具体领域开展合作。在 2014 年中美战略与经济对话会期间，两国签署了 CCUS、氢氟碳化物（HFCs）减排、城市和水泥行业等低碳产业转型等 8 个结对项目的合作协议，正式建立了"政府—企业"的公私合作模式，并将合作范围扩展到可持续森林管理、航空节能减排等领域，两国还将联合开展关于锅炉效率和燃料转换的研究。

在此次联合声明中，中美还表示将继续加强政策对话和务实合作，包括在先进煤炭技术、核能、页岩气和可再生能源方面的合作，以及扩大清洁能源联合研发，推进碳捕集、利用和封存重大示范，加强关于氢氟碳化物、低碳城市、绿色产品贸易等方面合作，在上述工作组五个重点示范合作领域基础上扩大合作范围，双方还将通过"公私联营体"的形式进一步深化合作，将对话成果落到实处。

与军事、网络安全、朝核等其他核心议题相比，中美在应对气候变化领域的合作阻碍最小，有更多的共同利益，且中国和美国作为最大的发展中国家和最大的发达国家，双方合作解决全球性问题也会受到国际社会的广泛关注，实际上，两国在该领域合作的政治意愿最强，被认为是中美大国关系中的新亮点。我们希望两国抓住机遇，进一步挖掘合作潜力，落实好两国领导人共同宣布的行动目标。

（撰稿人：李俊峰　陈济　傅莎　祁悦　王田）

"利马会议"成果评述

2014 年联合国利马气候大会（利马会议）是 2015 年巴黎会议的"前哨战"，其成果将是达成新协议的重要基础，因此备受各方瞩目。本次会议的焦点是如何推进"2015 协议"谈判的进展，主要任务包括识别"国家自主贡献"相关信息和确定后续进程，讨论通过新协议谈判草案的基本要素等。此外，会议的另一条主线是如何进一步落实"巴厘路线图"和《坎昆协议》相关成果，主要议程包括落实资金承诺、推进损失和损害机制、第一次针对发达国家减缓目标实施进展的多边评估以及进一步提高 2020 前行动力度等。经过两周紧张的谈判，利马会议于 2014 年 12 月 14 日结束，会议围绕"国家自主贡献"取得了非常重要的阶段性成果，就一些技术性的议题作出了最终决定，这将有利于下阶段各方更聚焦新协议案文的谈判。

总体而言，利马会议是成功的。虽然很多人认为其取得的成果是阶段性的和过渡性的，但利马会议对"国家自主贡献"的进一步界定实际上已经确定了"2015 协议"最根本的思路。因此，从考察气候变化多边机制演化的长期进程看，利马会议的意义并不一定次于 2015 年的巴黎大会。

一、与"2015 协议"相关的主要成果

（一）在前期讨论的基础上，利马会议形成了"2015 协议"草案要素的正式文件，为下阶段"2015 协议"谈判打下了重要的基础

在利马会议期间形成"2015 协议"草案的要素是多哈会议德班平台相

关决议的重要内容之一。2014 年，德班平台召开了 4 次会议，各方有机会针对"2015 协议"草案的要素进行充分阐述和观点交流。2014 年 6 月，德班平台第二次会议第五次续会结束后，联合主席汇总各方观点，以主席的名义发布了协议草案的要素，但一直以"非文件"的形式存在。在利马会议期间，联合主席又根据各方意见对"非文件"进行了多次修改，最终形成了各方都认可的、相对平衡的要素文件，并以附件的形式成为"利马气候行动倡议"的一部分。目前，这份文件已形成清晰和完善的结构，涵盖了新协议文本的主要要素，包括前言、目标、减缓、适应和损失与损害、资金、技术开发和转让、能力建设、行动和支持的透明度、国家自主贡献的相关框架和进程、实施和遵约等内容。这份文件基本涵盖了各方的所有观点，以"选项"的形式呈现。无论从形式还是实际内容上看，这份缔约方大会决议附件已经可以成为下阶段新协议案文谈判的基础。

（二）利马会议对于"国家自主贡献"的范围、信息和后续处理作出了进一步的决定

根据华沙会议决定，利马会议应识别各方提交"国家自主贡献"时所需的相关信息类型，事实上，在 2014 年举行的所有谈判中，各方关切其实最终只聚焦于两个问题："国家自主贡献"的范围及提交贡献信息后的相关进程。利马会议对上述两个问题都给出了相对清晰的答案。决议明确了"国家自主贡献"应包含减缓要素，并"邀请"各方在"国家自主贡献"中提交与适应相关的信息，但并未明确"国家自主贡献"是否必须包含资金、技术和能力建设支持。关于提交"国家自主贡献"信息后的相关进程，利马会议决定要求秘书处将各方贡献发布在网站上，并在 2015 年 11 月 1 日前提供关于各方贡献总体力度的综合报告，即将不再对"国家自主贡献"进行"事前评估"。

（三）进一步明确了新协议应体现"共同但有区别的责任"原则

"共区原则"是发展中国家的核心关切，在近些年的谈判中，发达国家一再试图模糊这一原则，因此，2015 协议谈判中，关于落实"共区原则"的问题也成为了各方最核心的分歧之一。直到会议的最后一刻，在发展中国家不懈的坚持下，才最终将"共区原则"按照中美联合声明中的提法反映到最终案文中，即"缔约方大会强调将在 2015 年达成一个有力度的、反映共同但有区别的责任和各自能力原则以及符合各国国情的协议这一承诺"。

二、与落实"巴厘路线图"和《坎昆协议》相关的主要成果

（一）在德班平台下提高 2020 年前行动力度方面，会议对改进技术专家会（TEM）和建立目标实施进展的信息交流机制方面作出了进一步的安排

华沙决议第 4 段明确规定，为了提高 2020 年前行动力度，要求发达国家重审其全经济范围量化减排目标（《京都议定书》第二承诺期目标）、移除条件承诺相关条件进一步提高目标力度、评估向发展中国家提供支持的力度并识别发展中国家需求等，但发达国家对此并没有足够诚意，极力阻止就这些问题展开进一步讨论。同时，也极力反对就 2014 年 6 月重审《京都议定书》第二承诺期目标部长级会议开展后续活动。最终，提高 2020 年前行动力度的工作主要还是聚焦于具体部门和技术的减缓潜力，将继续以技术专家会的形式分析不同领域减排机会和有效的政策措施，以自下而

上的方式推动进一步的减排行动。

（二）资金问题取得了阶段性成果

在会议的最后时刻，各方最终就本次会议全部 5 个资金议题达成了一致。会议期间，发展中国家为适应基金和最不发达国家基金下一步工作提出了很多建设性的建议，包括增加受援国的执行机构数量、扩大基金支持的范围以及加强适应基金与绿色气候基金（GCF）等机构的联系等。虽然发达国家在推动资金机制运行方面动力不足，总体上希望保持现状，但经过两周的磋商，最后的决议中仍增加了要求绿色气候基金为发展中国家获得技术转让和开展能力建设活动提供充足支持的相关案文。此外，利马会议前后，各方积极承诺向绿色气候基金注资，承诺的资金总额超过了 100亿美元，这也为后续行动提供了一定的资金保障。

（三）利马会议完善了华沙损失与损害国际机制，为今后的工作打下了坚实基础

损失与损害是近年来受气候变化影响较为严重的发展中国家提出的新理念，旨在弥补减缓和适应行动的不足。发达国家和发展中国家，特别是小岛国和最不发达国家，在此问题上分歧极大。在华沙会议上，该议题在最后一刻才达成一致，初步建立了华沙损失与损害国际机制。此次会议经过两个礼拜的激烈谈判，又是在最后时刻各方才最终就华沙损失与损害国际机制执行委员会的构成达成一致，并进一步明确了执行委员会的相关职能，制订了两年工作计划。这标志着损失和损害正式成为应对气候变化行动中一项重要的工作领域。

（四）第一次国际评估与审评机制下的多边评估进程启动，其走向将对"承诺加审评"模式产生重要影响

国际评估与审评机制是《坎昆协议》下建立的发达国家和发展中国家之间有区分的 MRV（可测量、可报告、可核查）机制的重要组成部分。本次会议中，17 个发达国家缔约方接受了对其减缓目标实施进展的多边评估，包括美国、欧盟及其部分成员国、新西兰和瑞士等。各国对此非常重视，作出了充分准备。总体来看，欧盟及其成员国的履约进展较好，将有可能超额完成目标。新西兰目前的进展则并不乐观，很有可能无法完成既定目标，但表示将会对本国的排放负责，或通过国际市场机制来履约。美国是本次多边评估中最受关注的缔约方，在现有政策情景下美国实现 17% 的减排目标很有难度，是否能够完成目标还取决于清洁发电计划（CPP）等一系列措施的具体效果。剩余的 27 个附件一缔约方将在 2015 年 6 月和年底的附属履行机构会议上接受评估。此次会议上只是完成了相关的问答环节，并未作出最终结论，最早将于 2015 年 6 月的 SBI42 会议上将此项工作列为正式议题，并开始讨论此轮多边评估的结论，预计届时各方将就此展开激烈的谈判。

三、利马成果影响及对下阶段谈判展望

（一）多边机制正逐步向松散型演化，其强制约束作用在逐步弱化

自《京都议定书》生效屡受波折之后，气候变化多边机制逐渐由集中制向松散型演化。从《联合国气候变化框架公约》（以下简称《公约》）和《京都议定书》定义的"承诺"，到《坎昆协议》的"允诺"，到华沙

决议里使用的 "国家自主贡献"，用词的变化在一定程度上体现了这种演化趋势。本次会议决定不对"国家自主贡献"进行事前审评，进一步强化了"国家自主决定"的特征。另外，本次会议对自主贡献的范围也未能作出明确的定义，只是要求其中必须包含减缓要素。与《京都议定书》相比，多边机制的强制约束力在逐步弱化。

（二）中美气候变化联合声明影响开始显现

中美在利马会议前夕发布了气候变化联合声明，共同宣布了 2020 年后应对气候变化行动目标，成为利马会议各方关注的焦点之一。各方肯定了中美联合声明的积极意义，增强了各方对达成 2015 协议的信心。在一些关键分歧上，如对"共区原则"的理解，中美联合声明起到了一锤定音的效果。在积极效果不断显现的同时，有些国家也表现出对中美联合声明的担心，特别是大国治理对于多边机制的潜在影响。部分国家表示，由于主要经济体已经先后确定贡献内容，这将在很大程度上预断 2015 协议的内容。联合声明在一定程度上反映出在气候变化问题上，主要的矛盾有可能从发达国家和发展中国家之间转向大国和小国之间。

（三）随着"国家自主贡献"及其相关安排进一步明确，2015 协议大局已定，将聚焦案文起草和法律形式问题

利马会议后，2015 协议的轮廓更加清晰，特别是对"国家自主贡献"及其相关进程作出相对明确的安排后，关于 2015 协议中各方分歧较大的问题，如是否在国家自主贡献中体现资金、技术和能力建设支持部分的贡献、如何对各方目标的充分性和公平性进行评估等，实际上已经有了答案，"国家自主贡献"相关的决议实际上已反映了最终的共识。即使在新协议最终达成之前，各方还不会过早妥协，2015 协议的基本原则和实质性内容

已经基本确定，在要素附件的基础上，各方将进一步聚焦技术性的案文起草工作。

然而，对于最为重要的工作之一即 2015 协议的法律形式，目前仍悬而未决。"协议内容决定法律形式"一直是我所支持的主张，然而谈判进入最后阶段，需对各种法律形式及其隐含的意义作出评估，明确具体的主张和立场。截至目前，各方都未对法律形式作出明确表态，究竟是采取议定书、法律工具还是具有法律约束力的成果形式是 2015 年谈判，甚至可能是巴黎会议最后阶段的关键问题之一。

（四）南南合作备受瞩目，对后续工作提出更高的要求

在 2014 年 9 月举行的联合国气候变化峰会上，中国领导人承诺将加大气候变化南南合作的力度，建立南南合作基金，邀请各国一道帮助最不发达国家和脆弱国家开展应对气候变化行动。在利马会议期间，我国也举办了南南合作高级别论坛，联合国开发计划署、联合国环境规划署、《公约》秘书处和印度、加蓬、尼泊尔、塞舌尔等国的高级别官员都参加了论坛。在利马成果的总结中，国际社会将"中国也为南南合作投入 1 000 万美元并宣布将在明年投入双倍资金"作为主要成果纳入其中。中国此次主动开展南南合作，对于《公约》下的多边机制来说是一次创新，也是对近十几年来世界经济格局变化的反映。各方对中国开展气候变化南南合作极为关注，对于中国尽快落实承诺开展相关工作也提出了更高的要求。

（撰稿人：张晓华　祁悦）

气候变化国际谈判的形势和展望

近年来国际经济政治形势不断变化，气候变化紧迫性和科学性认识进一步增强。为了有效地推动 2020 年后应对气候变化的国际合作，在南非举办的第 17 次《联合国气候变化框架公约》（以下简称《公约》）缔约方大会建立了加强行动德班平台特设工作组，并决定不晚于 2015 年（巴黎第 21 次《公约》缔约方大会）达成一个《公约》下的、适用于所有缔约方的、自 2020 年起生效的新协议（也称为 2015 协议）。随着 2015 年的来临，新一轮气候变化国际协议谈判正进入关键期，2015 协议的谈判成为国际社会关注的焦点。

一、哥本哈根会议以来气候变化形势的变化

哥本哈根气候大会以来，应对气候变化的国际形势发生了一系列深刻的变化。极端气候事件频发凸显了应对气候变化的紧迫性，对人类活动造成气候变化的科学证据更加确凿；各国应对气候变化的意愿增强，应对气候变化问题重回国际政治主流舞台；温室气体排放格局变化显著，中国排放量在全球"一枝独秀"；《公约》下 2015 协议谈判正步入实质性阶段，气候变化问题逐步升温。

（一）气候变化的科学性和紧迫性得到进一步证实

2013 年，政府间气候变化专门委员会（IPCC）第五次评估第一工作组报告以更多的科学观测事实进一步证实了全球气候变化的趋势，并强化了

人为因素造成气候变化的结论。尽管目前围绕气候变化自然变率的不确定性和近 15 年来全球气候变暖速率趋缓仍存在较大争议，但人为因素导致全球气候变化的科学性更加确凿。为实现 2℃温升目标，2012—2100 年全球剩余碳排放空间已不足 5 000 亿吨，应对气候变化的急迫性进一步突显。

气候变化造成的影响不断显现。据统计，近年来由气候变化造成的损失损害加剧，2012 年全球流徙人口达到 3 240 万，其中 98% 来自发展中国家，他们绝大多数与气候天气灾害有关。发展中国家是受气候变化灾害影响最大的地区，随着未来极端气候事件频率的增加，这一现象将更加严重。

（二）美欧经济形势复苏，应对气候变化推动绿色发展开始回归主流

在经历了长达数年的金融与经济危机阴霾之后，2013 年美国经济已逐步走出困境，财政赤字和失业率显著下降，2014 年度 GDP 出现较大反弹。与此同时，欧洲债务危机的影响正在逐渐消退，欧盟 28 个成员国中的绝大多数在 2014 年都实现了经济增长，并将在 2015 年全部实现经济增长。

相较于 2009 年哥本哈根会议，美国页岩气革命、新能源的发展以及奥巴马第一任期内各行业能效提升行动使美国温室气体减排取得显著成效。奥巴马借势而为在第二任期伊始发布《总统气候行动计划》，其以应对气候变化为突破点展现美国全球领导力的意图愈加明显。而与此同时，欧盟作为长久以来应对气候变化的激进派，之前提出的到 2020 年三个"20%"目标很可能将超额完成。尽管欧盟内部存在不同声音，欧盟主席巴罗佐仍于 2014 年 1 月提交了供欧委会和议会讨论气候变化减排的中期目标，即到 2030 年温室气体排放在 1990 年水平上减少 40%，也充分向国际社会展示了欧盟在应对气候变化领域进一步有所作为的决心。

尽管加拿大、日本、新西兰、俄罗斯退出《京都议定书》第二承诺期，

日本在华沙气候变化会议上宣布 2020 年减排目标的大幅倒退，澳大利亚也于 2013 年 10 月公布撤销碳排放交易的立法草案，但美欧作为影响全球气候变化谈判的两个关键方的积极态度，正逐步将应对气候变化在 2014 年推回国际问题主流。

（三）中国排放量不断上升，控制温室气体责任更加迫切

与美欧自哥本哈根以来温室气体稳步下降相比，近年来中国的排放量进一步上升，在全球范围呈"一枝独秀"之势。目前中国的排放量已经稳居第一，并已超过第二、第三位的美欧排放量之和（2012 年中国二氧化碳排放量为 96 亿吨占全球的 29%，美国 52 亿吨占全球的 15%，欧盟 38 亿吨占全球的 11%。人均总二氧化碳排放量为 7.1 吨，高于全球平均水平并已接近欧盟人均排放量 7.4 吨的水平[①]。

当前中国年碳排放增量几近全球年碳排放增量的一半，经济的稳步增长仍将在较长时间内推动中国碳排放呈现上升趋势。考虑到全球碳排放峰值的时间很大程度上依赖于中国实现峰值的时间，中国在控制温室气体问题上将面临着越来越大的压力。

（四）发展中国家集团内部利益关切逐渐多元化

随着发展中国家经济实力的提升，当前全球温室气体排放格局较《公约》缔约之初发生了巨大变化。在能源活动和工业过程碳排放领域，附件一国家的全球占比从《公约》缔结初的近 70% 下降至 2012 年的约 42.5%，中国、印度两个全球最大的新兴经济体更是占到排放量的 1/3 以上（35%）。发展中国家经济发展阶段、排放量和利益诉求的多样性开始增大。哥本哈根以来"基础四国"、立场相近国家、小拉美集团等不同谈判集团

---

① 数据来源：PBL: Trends in Global CO_2 Emissions 2013 Report。

的出现正是这种态势的表现。小岛国、最不发达国家、小拉美集团、南非等非洲国家在谈判中均不同程度地受到发达国家的影响。与此同时，欧美等发达国家通过加强与新兴发展中大国建立双边合作关系，进一步拉开其与其他发展中国家的距离。在气候变化问题上，排放大国和排放小国之间的矛盾逐渐成为发达国家和发展中国家之外的另一种主要矛盾。

　　总体而言，尽管哥本哈根会议以来，影响气候变化谈判的各种因素的变化还未从根本上改变气候变化国际合作的整体格局，但由量变引发质变的可能在不断增大，对此必须及早做好准备，积极地去引导和适应可能出现的新局面。

二、新形势下中国参与气候变化国际合作的基本态度

　　面对哥本哈根会议以来气候变化形势的转变，中国应立足于本国国情和发展水平，在可持续发展框架和《公约》原则下，善于运用大国思维参与应对气候变化国际进程，努力团结发展中国家，从道义高度，顺应世界潮流在国内着力推进绿色循环低碳发展，秉持生态文明建设理念积极应对气候变化，实施从"顺势而为"到"积极引导"战略转身，更加积极地从参与者向领导者的角色转变，为应对全球气候变化作出新的贡献。

（一）运用大国思维以积极姿态参与气候变化国际进程

　　中国已经成长为全球气候变化问题中的"大户"，位置更加关键、处境也更加敏感。从经济规模上看，中国是世界第二大经济体，世界第一大外汇储备国，2013年贸易总值超过美国，成为世界第一大贸易国；从排放规模上看，中国是世界第一大排放国，人均排放量也在快速增长；从战略

环境上看，气候变化问题增加了中国崛起的难度和压力，作为联合国安理
会常任理事国，同时还是一个地区核大国，如果气候变化问题继续发酵，
中国回旋空间将越来越小，以时间换空间的战略面临巨大挑战，将为中国
的崛起之路投上阴影。因此，中国在气候变化问题上的积极作为，可以最
大限度地破解难题、化解危机，对于提高国际影响力和提升国家形象都具
有很大的现实意义。

　　面对错综复杂的国际形势，中国政府提出"和平发展"战略和"和谐
世界"理念，向全世界展示了中国谋发展、促合作、负责任的大国形象。
世界普遍认为，"中国由问题的一方成为解决问题的一方"。气候变化作
为涉及人类生存的环境问题一步步走向国际政治舞台的中心，成为事关国
际道义、国际责任、国家形象、国家发展权利的重要议题。气候变化为中
国提供了一个提高对自身大国地位驾驭能力的舞台。在气候变化问题上，
中国应该展示更为远大的抱负，树立大国思维，承担更多的国际责任，以
主动出击的态度去应对全球环境治理时代的挑战，推动建立一个公平、有
效、共赢的应对气候变化国际制度，真正成为国际政治中具有可持续影响
力的大国。

（二）广泛团结发展中国家，共同应对气候变化

　　应对气候变化具有长期性、不确定性和公共问题属性，不仅仅是一
个单纯的技术问题，还隐含着道义上的话语权。从 1992 年的《公约》到
1997 年的《京都议定书》、2007 年的"巴厘路线图"到 2009 年的《哥本
哈根协议》，再到 2010 年的《坎昆协议》，应对气候变化已经成为没有
任何国家能够拒绝的理念。今天，哪个国家想在气候变暖问题上说"不关
我的事"，就会在道义上处于糟糕的境地。中国是发展中国家的一面旗帜，
应团结广大发展中国家积极承担国际道义。

依据"共同但有区别的责任"原则，目前发达国家率先承担了量化减排义务。但是，随着温室气体排放量快速增长，要求各国共同减排的压力与日俱增。相关呼声在发展中国家，特别是最不发达国家和小岛国中也日趋强烈，不仅对发达国家，而且对包括中国在内的新兴经济体均日益形成压力。作为世界第一大排放国，中国承受着巨大的道义压力，发展中国家是中国气候变化国际谈判的根本立足点和战略依托，必须坚定维护发展中国家的团结。因此，无论从自身国民生存发展的角度，还是自觉承担国际道义，维护负责任大国形象的角度，中国都应该从现在起身体力行，自觉承担国际减排道义与责任。同时，在国际舞台上中国仍应大声强调发展中国家的阶段特点，领导发展中国家适当承担道义责任，提高发展中国家的话语权，坚决捍卫发展中国家的发展权，联合要求发达国家切实履行减排责任，努力争取发达国家对发展中国家的技术、资金补偿。

（三）顺应世界潮流着力推进绿色循环低碳发展

绿色发展是当前发达国家的主流发展方向，应对气候变化是其促进绿色发展的重要抓手。2012 年召开的"里约 +20"峰会将绿色经济列为重点议题之一，提出以绿色经济的发展路径，统筹可持续发展下经济发展、社会进步、环境保护三个层面之间的关系。实际上，进入 21 世纪起，欧盟、美国、日本等发达国家陆续提出了以绿色发展为核心的发展目标。发达国家所提出的绿色发展，本质上是以低碳化为特征的发展模式，即以低碳化为抓手，促进经济发展和社会转型。通过多方面措施，发达国家低碳发展的成效开始逐步体现，2006 年以来主要发达国家的单位国内生产总值二氧化碳排放均表现出下降趋势，呈现出低碳转型的发展趋势。

中国正处于工业化阶段，但是已经不具备发达国家崛起时的资源与环境条件。中国还没有完成现代化目标就面临着国际上温室气体减排的压力和能源约束，这无疑是一个前所未有的巨大挑战，并且是一个双重挑战：既要实现发展，同时又不能像西方发达国家那样长期消耗与其人口不成比例的资源与环境容量来实现增长。未来的中国，绝对不可能是今天的美国或是其他任何一个发达国家，而必须从中国具体国情出发，探索出新的发展理念和发展战略。顺应全球绿色发展的潮流，中国应着力推进绿色发展、循环发展、低碳发展，加快经济、产业、能源结构调整，建立以低碳为特征的工业、能源、建筑、交通等产业体系和消费模式，提升内需，特别是低碳消费在拉动经济增长中的作用。只有这样，才能真正实现经济发展方式的根本性转变，才能寻找到新的经济增长点，为经济的持续增长注入新的活力。

（四）秉持生态文明建设理念积极应对气候变化

积极应对气候变化，事关中国经济社会发展全局，事关中国人民根本利益和世界各国人民福祉，是实现两个"一百年目标"的战略要求，是推进生态文明建设的战略任务，也是建设美丽中国的战略路径。中国的现代化必然是低碳的现代化，遵循一条从降碳到减碳，并逐步实现脱碳的演进过程。将低碳化融入到现代化之中，是中国现代化发展理念的根本转变，也是中国现代化理论的重大创新。低碳发展，即实现经济社会发展与碳排放的脱钩，直接关系到中国未来社会发展模式的升级，关系到经济发展方式的转变，关系到中华民族的永续发展。

党的"十八大"将生态文明建设提高到"五位一体"的战略布局高度，生态文明与国际上的绿色发展、可持续发展等理念异曲同工。生态文明建设是应对气候变化的灵魂和目标指向，应对气候变化是生态文明建设的重要阵地，控制温室气体排放是应对气候变化和加快生态文明建设的重大举措。全面深化改革要坚决杜绝和减少没有质量的发展，要给发展戴上"笼头",这个"笼头"就是碳。如果不走低碳发展道路,将难以改变工业文明社会的高投入、高消耗、高排放难题,难以从源头上扭转生态环境恶化趋势,难以步入低碳、发达的生态文明社会,也就无法给子孙后代留下天蓝、地绿、水净的美好家园,最终影响到中国"两个一百年目标"和"美丽中国梦"的顺利实现。

(五)实施战略转身向气候变化领导者角色转变

在气候变化问题上,中国既是西方国家舆论中的"最大问题制造者",温室气体排放总量世界第一;又是西方各国战略中争夺的"最大合作对象",中国巨大的市场容量吸引着国际资本;同时,作为发展中国家,中国还是反抗和呼吁改变发达国家在气候变化问题上不公正做法的主要力量之一。经济的成功促使中国更加自信地参与到全球事务治理中,与国际组织的良性互动也加深了中国对国际机制的认可,中国自身的行为和战略选择本身就影响外部环境,中国的选择不仅决定自己的未来,而且也会对国际政治的未来产生深刻的影响,中国已经有能力来主动创造"战略机遇"。中国正日益走上大国崛起之路,更需要有一种大国的责任,一种大国的意识,一种自觉向外看的思维,应该更加主动地关注我们外部环境,在更大范围上思索和维护我们的利益。中国不能太被动,机遇是自己创造的,想要有更大的发展以及与国际社会更深的融合,需要自己创造机遇。

三、推动气候变化国际合作和谈判的基本理念及原则

（一）既要建立应对气候变化的共同目标，又要充分认识其长期性和阶段性

应对气候变化是一项长期而艰巨的任务，需要一个长期的气候目标以便对气候变化政策的制定进行引导、讨论和评估，最终阻止人类活动对气候系统构成威胁。早在 1992 年，《公约》就确定了人类应对气候变化的最终目标："将温室气体浓度稳定在一个特定的水平，防止人类干预对气候系统造成危害。使生态系统能自然地适应气候变化，确保不威胁农业生产并实现经济的可持续发展"。

然而，该目标并未对人类生产活动排放的温室气体起到真正的约束作用。20 年后，《坎昆协议》又设立了全球长期温升不超过工业化之前 2℃的目标，2℃目标更多体现了政治层面的高度共识，为国际社会应对气候变化合作行动指明了方向。2℃目标是一个长期目标，可能要到 50 年或 100 年后才实现。因此在建立长期共同目标的同时，需要设置阶段性的目标，并在过程中进行评估调整。目前国际社会讨论的是 2020—2030 年各国行动的相关安排，但 2030 年后则需要根据当时形势重新调整，设定新的阶段性目标，不能寄希望于一劳永逸、一蹴而就地解决所有问题。要对应对气候变化的长期性和阶段性有充分的认识，要根据社会、经济和科学技术的发展情况，结合可持续发展的需要，采取渐进的方式实现应对气候变化的最终目标。

（二）树立在可持续发展框架下应对气候变化的理念

"气候变化是环境问题，也是发展问题，归根到底是发展问题"。实

现共同目标的长期性和阶段性决定了应对气候变化不应以牺牲经济发展为代价，而是应将应对气候变化放在长期可持续发展的框架内，在减少温室气体排放的同时提高人类福利。《公约》第三条中规定，"各缔约方有可持续发展的权利，保护气候系统不受人为影响的政策和措施应与各缔约方的国家发展计划相适应，经济发展对于采取措施应对气候变化是至关重要的。"中国领导人也曾明确表示，气候变化国际合作，应该以处理好经济增长、社会发展、保护环境三者的关系为出发点，以保障经济发展为核心，以增强可持续发展能力为目标，以节约能源、优化能源结构、加强生态保护为重点，以科技进步为支撑，不断提高国际社会减缓和适应气候变化的能力。

各国应根据国情，将气候变化纳入可持续发展框架和国家优先发展领域，努力促进低碳技术创新，增强低碳企业竞争力。对于中国来说，应该按照科学发展观的要求，加快经济结构调整，转变经济发展方式，提高能源资源利用效率，推动发展循环经济，建立可持续的低碳消费方式。同时，将气候与国家发展战略（包括经济、社会、环境）结合起来考虑，将气候变化作为可持续发展战略的组成部分。

在减缓的同时，适应气候变化能力的提高也是可持续发展中的一项重要内容。气候变化可以通过自然灾害直接破坏自然资源，从而影响农业和林业等自然资源的生产力，这些不利影响又会传递到农林产品加工部门及其他下游产业，最终会降低经济增长速度。中国农业产值占 GDP 的 10%左右，农业劳动力比例却高达 40%，这意味着中国有 3 亿务农人口的生产生活将受到气候变化的直接影响。相比之下，美国的农业产值比例和农业劳动力比例均为 2%。中国要提高适应气候变化的能力，必须大力提高农业生产效率，降低务农人口比例，这都需要在可持续发展的框架下进行。同样，像水资源、流域管理、海岸带保护、防御重大气象灾害等适应工作都需要以提高经济发展水平和技术进步为基础。目前，适应行动可能只针对单一目标。在未来长期应对气候变化的过程中，可逐步将单个适应措施上升到多目标结合（如集成预警系统、流域综合治理），最终上升到全面的可持续发展，实现"多赢"目标。

（三）坚持公平、有效、共赢的基本原则

公平、有效、共赢是在可持续发展框架下积极应对气候变化、构建国家气候变化体制的基本指导原则，三者相辅相成，缺一不可。要真正实现这三大基本指导原则，不但要继续坚持在可持续发展框架内解决气候变化问题这一发展中国家一贯的理念和主张，还必须要不断从各个方面深化和丰富其内涵。

1. 公平原则是应对全球气候变化的基石

一个公平的国际机制应该既能反映各国的历史责任，也能有效兼顾其应对气候变化的能力。从 1992 年至今，全球的经济、政治格局已经发生了显著变化。发展中大国无论从温室气体排放还是应对气候变化能力上都有了明显增长。然而，无论从历史责任、现有能力和发展需求等任何方面，发达国家和发展中国家在应对气候变化问题上仍存在巨大差距。工业化国家在排放上的历史责任不能抹杀和淡化，其借助于历史排放积累形成的能力优势应该用于率先行动而不是作为"锁定效应"的借口。此外，大部分发达国家在现有能力方面也明显优于发展中国家，因此应为发展中国家可持续发展和应对气候变化提供帮助。加强为发展中国家开展国家适应计划（NAP）提供所需资金、技术和能力建设等方面的支持；支持最不发达国家和小岛屿国家等特别脆弱国家，在获取发达国家提供的支持开展国家适应计划（NAP）方面具有优先权，都是公平原则的重要体现。

2. 有效原则是衡量未来协议是否成功的标准

未来协议应能兼顾共同目标的长期性和阶段性，一方面基于公平原则对未来 10～20 年的减排行动或贡献作出相应安排，另一方面为长期减排提供激励作用，如对承担较多减排量的国家进行"奖励"，对未达到自主减排目标或减排目标倒退的国家进行"处罚"；同时，该机制应足够灵活，以适应气候科学和未来经济政治环境的不确定性。此外，未来协议还应兼顾力度和信度，一方面要有足够的力度能保证向长期目标迈进，另一方面要有足够的信度使各方能够积极履行自主减排承诺。《京都议定书》的问题在于，既未将美国这样的发达国家排放大国囊括在内，也未能保证各方的减排力度足够有效，结果大部分减排目标都是靠经济衰退来完成。未来协议应充分吸取《京都议定书》的经验和教训，在保证各方都参与的同时，确保一定的力度向长期目标迈进，同时完成阶段性目标。

3. 共赢原则是有效开展气候变化合作的前提

保护全球气候是人类共同的责任，只有在一个合作共赢的机制下，各方才能真正携手应对气候变化。目前的全球机制，是发达国家和发展中国家的"零和"博弈，发达国家不愿提高减排承诺或向发展中国家提供大量的公共资金，是因为这对其自身国家利益有害而无益；发展中国家强调历史责任，也是为自身争取发展空间，惧怕承诺绝对减排指标限制自身的经济发展。问题的症结在于，无论是减缓还是适应气候变化，目前看来都是付出大于收益。同时，由于温室气体的特殊性，付出和收益往往并不集中于同一个体，一国大力减排，收益可能是所有国家；一国可能减排量很小，却要面临相对国内生产总值而言极高的适应成本。因此，共赢的一个基本前提是确保未来协议能对各方都有约束力，避免"搭便车"。在找到各国的利益交汇点的基础上，通过对各方都有约束力的协议框架，督促各方共同减排，相互监督，同时分享好的经验做法，将气候变化作为人类经济发展方式转型和提高人类文明层次的一次重要机遇。

四、新协议谈判面临的核心问题

《公约》是应对气候变化国际合作的主渠道,各缔约方在《公约》谈判进程中已达成了一系列的成果,包括《京都议定书》、"巴厘路线图"、《坎昆协议》等,为气候变化国际合作奠定了坚实的基础。现阶段各缔约方致力于在 2015 年达成的关于 2020 年后应对气候变化国际合作的新协议,又将成为一个新的里程碑。在过去的两年里各方开展了有效的讨论,初步勾勒出新协议的基本框架,同时也识别出一些核心问题仍有待在下阶段谈判中进一步解决。

(一)实现 2℃目标的减缓模式设计

将全球表面温升控制在不超过工业化前水平 2℃之内是国际社会就应对气候变化全球长期目标所达成的共识。尽管关于 2℃目标及其对应的排放量要求还存在科学不确定性,在实际操作中也面临较大的阻碍,但在政治上,各方都已认识到应对气候变化的紧迫性和重要性。实现 2℃目标的关键之一就是确定减缓气候变化的模式。自上而下减排的优势体现在能够确保实现 2℃目标,根据科学要求确定各缔约方的目标或分配相应的排放空间,各方都履行承诺的情况下这种模式是对实现 2℃目标的有力保障,但在核定各方责任、分配减排指标的过程中难以达成共识。自下而上减排有助于鼓励各方积极参与和提出相对有力的减缓目标,但由于这种模式不直接与科学要求挂钩,很难确保 2℃目标的达成。

2℃目标是欧盟、环境完整性集团以及小岛国等对气候变化敏感的国家和地区的重要关切,因此他们也更倾向于采用与《京都议定书》模式类似的自上而下的减缓模式。另外，以美国为代表的伞形集团则主张相对灵活的自下而上的减缓模式。为了弥合这两种模式之间的差距，一些国家也试图在自下而上的减缓模式基础上，通过对各国目标力度和执行情况进行审评来推动全球长期目标的实现。基于各自的关切和利益诉求，各方对审评的范围和力度有不同的预期。

华沙会议决定中提出了"预期的国家自主决定的贡献"，各方就采取自下而上的减排模式已基本达成了共识，而"预期的"一词的使用则意味着各国自主决定的贡献可能并不是最终版本，这为多边机制下就各国贡献目标力度进行审评留下了空间。通过审评机制可以对新协议进行动态的调整，有利于其在更长的时间内发挥作用。但需妥善地处理国家自主决定和审评之间的关系，朝实现2℃目标的方向努力的同时，要保证国家对各自贡献的决定权。因此，关于审评的内容、标准、范围和法律效力都需各方进一步磋商。

（二）"共区"原则的具体落实方案

"共区"原则是解决国际环境问题的基本原则，在《公约》中体现了各国在气候变化问题上由于历史排放、发展阶段、国情能力的不同而产生的"共同但有区别的责任"，在《公约》谈判进程中以"两分法"的形式来体现，即发达国家（附件一国家）和发展中国家在气候变化问题上负有不同的责任并承担不同的义务。随着世界经济形势和温室气体排放格局的变化，发达国家和一部分发展中国家认为"两分法"的现实基础已不存在，而大多数发展中国家则认为在气候变化问题上发达国家和发展中国家的根本差别依旧，"两分法"仍然适用。在新协议中以何种方式体现"共区"原则成为谈判的焦点。

发达国家希望以国家或集团之间的区别为依据，采取"多分法"来替代传统的"两分法"，欧盟和美国分别表示"光谱式承诺"和"国家自主决定的贡献"就是"共区"原则的具体体现。目前的框架、机制和规则都基本体现了"两分法"，因此大多数发展中国家强调在新协议的谈判中应以现有的机制规则为基础，保持基本框架的一贯性。

关于落实"共区"原则的分歧将体现在新协议各个议题的谈判当中，目前仍没有一种折中的方案能促成各方达成共识。新协议不可能完全照搬已有的机制和规则，毕竟"两分法"的基础已经产生了一定的变化。发展中国家守卫"防火墙"的难度增加，因此在明确底线的同时，应该积极寻求解决问题的方式，进而提出在新协议中落实"共区"原则的具体方案。

（三）减缓和适应的平衡推进

应对气候变化，适应和减缓同样重要。但在目前《公约》进程和有关新协议的提案中，减缓仍占据了主要的位置，适应问题没有得到应有的重视。在减缓气候变化面临着巨大挑战的情况下，更需要努力推动适应气候变化领域的工作。

大部分发展中国家，特别是气候脆弱国家，对适应气候变化问题特别关切，希望通过国际合作的方式获得相关的支持来提高适应能力、应对气候变化带来的损失和损害。而发达国家对适应的关注远低于减缓，且普遍将适应问题局限在国家和区域的层面，国际机制对适应气候变化的贡献形式被弱化为信息交流、经验分享平台。

在新协议中，推动关于适应气候变化的谈判进程、促进适应领域的国际合作还需要解决几大问题，包括明确适应气候变化的目标、加强减缓和适应气候变化之间的联系、将适应气候变化与资金和技术支持挂钩等。发达国家在推动适应议题上缺乏意愿，而发展中国家在机制和规则设计方面能力略显不足，提高适应气候变化问题在新协议中的地位还需要长期的努力。发展中国家可在小范围内开展适应领域的多边合作，一方面切实解决能力不足国家适应气候变化方面的问题，另一方面也可以在实践中探索适应气候变化国际合作模式。

（四）资金和技术支持

《公约》进程下关于资金和技术支持的谈判历时已久，但是从谈判成果上来看，虽然已经建立了相关的机制，如绿色气候基金（GCF）、技术执行委员会（TEC）等，但仍无法满足发展中国家的需求，这些机制也并未充分发挥应有的作用。在资金问题上，附件二国家虽已作出了一系列承诺，但由于在核算方面没有共识，已有承诺的落实情况并不乐观；技术支持方面，更是在知识产权等问题上遇到了严重的阻碍，多年来未取得实质性的进展。

资金和技术是发展中国家特别关注的议题，也在德班平台"六要素"的范围之内。不过，与适应问题类似，发达国家对于推动资金和技术谈判进程缺乏意愿，并试图向新兴发展中国家转嫁一部分支持义务。最不发达国家、小岛国等对资金支持的需求显著，他们一方面主张发达国家落实已有的承诺并增加支持的力度，另一方面，对新兴发展中国家也有一定的出资预期。新兴发展中大国则更加关注技术转让问题，可是仍没有找到推动技术转让谈判的突破口。

总体来看，新协议将会延续《坎昆协议》所建立的"承诺加审评"的基本模式，不会对现有的体制进行颠覆性重构，很多具体问题会充分利用现有的机制设计。

（五）新协议的法律形式

新协议需要确定合适的法律形式，但关于这个问题仍有很多不同的意见。2012 年多哈会议决定在 2015 年达成一个议定书、法律工具或具有法律效力的协定。不同法律形式所需的程序和具有的约束力不同，议定书等具有较强约束力的法律形式在国际层面和各缔约方国内都需要通过更复杂的程序，相应的可以更好地保证各方履约；而协议等约束力较弱的法律形式在一定程度上难以保证各缔约方践行承诺。法律形式的问题实质上也是新协议有效性的问题。

欧盟和小岛国联盟一直主张应采用议定书等法律约束力较强的协议形式，但美国等伞形集团国家纷纷退出或拒绝批准《京都议定书》，不欢迎较强约束力的法律形式。大多数发展中国家更强调协议的法律约束力应取决于协议内容的要求。由于新协议将适用于所有缔约方，在具体内容上能否坚持"两分法"尚无法判断，发展中国家是否有能力作出具有较强约束力的承诺、履行约定并承担不遵约的后果尚有很大的不确定性。

美国在最新提案中提出了一种对各国承诺的贡献不做严格约束的、包含不同法律形式的混合模式，没有明确的坚持反对议定书等较强约束力的法律形式，提出关于框架和程序问题可以采用具有国际层面的约束力，但对各国承诺不做严格的法律约束。如果 2015 协议最终实质性内容可以接受，欧盟和小岛国可能会在法律形式上做出让步。这种混合模式能否被发展中国家接受最终取决于其是否可以体现"共区"原则。

（六）各国的承诺贡献和配套信息

华沙会议德班平台相关决议进一步确定了 2015 协议谈判的时间表和路线图，要求各国在现阶段启动关于"国家自主决定贡献"的国内准备工作，并在 2015 年尽早提出各自的贡献。与此同时，2014 年德班平台工作组就将识别并确定"国家自主决定贡献"的相关信息需求，确定各国贡献和配套信息是近期新协议谈判的核心工作。

《公约》下关于各缔约方承诺及其报告模式已有一定的机制和规则基础。新协议下各国的贡献应包含应对气候变化领域的各个要素，不仅是减缓目标，还应包括适应、资金和技术等。对于发达国家，其减缓目标应不弱于现有的全经济范围量化减排目标，根据《公约》规定的其向发展中国家提供资金、技术支持的义务，发达国家特别是附件二国家，在作出新的减缓承诺时应一并提出出资和技术转让的承诺目标。对于发展中国家，现有的减缓承诺形式有一定的多样性，这是由发展阶段和能力所决定的，在短时期内也无法改变。目前欧盟委员会已经提出了温室气体排放到2030年比1990年下降40%的减排指标，美国在2014年9月联合国峰会上提出其减排承诺，中国等新兴发展中国家的贡献将受到空前的关注。

关于贡献信息报告模板，可以参考发达国家澄清全经济范围减排目标的信息模板、国家信息通报和双年报/双年更新报等已有成果，并强化对资金、技术支持承诺的信息要求，但是是否要在信息模板上延续"两分法"还没有共识。确定贡献报告的信息模板还需充分考虑所要求的信息对后续"三可"（可测量、可报告、可核查，MRV）以及审评可能产生的影响。

五、对新协议可能方案的考虑

各国对2015协议的原则立场最终要落实到对协议的具体设计中，而未来协议的最终方案也必定是各方妥协的结果。因此，对2015协议的设计方案进行深入细致的分析有助于确保包括中国在内的广大发展中国家的核心关切得到全面体现，核心利益切实得到维护。

（一）协议总体方案设计

从内容上看，2015协议可以有两种表现形式。一种形式是2015协议提出相对具体的规定和要求。例如，将各国提出的具体自主减缓贡献、出资规模等体现在协议中。这种形式与《京都议定书》类似，在协议制定时就决定了通过附件的形式规定相关缔约方在承诺期内的减排目标。另一种形式是在 2015 协议中只是提出未来机制安排的框架，具体细节安排可通过在该框架下谈判达成。例如，2015 协议可仅规定各国应定期提出减排贡献，并接受国际审评，但各国多长时间应提出减排贡献、如何接受国际审评等细节安排可留待在该协议下的缔约方会议解决。

第一种形式的协议具有"一锤定音""一劳永逸"的效果，下阶段可调整的空间不大，主要任务是评估、考核承诺目标的执行情况。以这种形式达成 2015 协议，意味着细节设计需要在 2015 年前完成，并达成共识，这无疑将面临巨大挑战。第二种形式的协议将充分体现协议的框架性功能，内容上具有简明扼要的特点，与《公约》较为相似。框架性协议由于内容简洁更加容易达成共识，可行性更强。然而，其劣势也很明显：这种框架性的协议意味着，需要在该协议框架下进一步开展大量的谈判工作，不断细化具体要求。届时，《公约》下的谈判将被彻底空壳化，几乎所有的谈判将集中在 2015 协议下，将逐渐形成 2015 协议取代《公约》的现实。从目前各方的立场看，未来协议的形式很可能介于两种类型之间，即框架性加上关键领域的设计细节。

协议的形式在很大程度上也决定了协议的法律效力。如果 2015 协议包括了很多细节内容，这些内容将作为协议的一部分与协议整体具有同样的法律约束力，这将使达成协议的难度进一步加大，也将使各国提交自主贡献时更加谨慎，降低整体减排力度。如果 2015 协议是一个框架性较强的协议，不涉及具体内容，各国接受较强法律约束力的可能性将大大提升。

关于 2015 协议如何体现"共区"原则，目前有两种基本的设计思路。第一种思路是将缔约方按照一定标准将国家分组，并在协议各要素中体现各组之间的区分。例如，根据《公约》附件分组，严格区分附件一和非附件一国家缔约方的责任，在减缓、适应、资金、技术、能力建设和透明度等各要素都体现区分。《京都议定书》就采取了这一模式。第二种思路是不分组，各国统一规则，但在某些细节要求上可根据各国能力、国情等具体情况针对特定国家和集团作调整。显然，第一种设计思路可根本性地体现"共区"原则，更容易从性质上界定发达国家和发展中国家责任和义务。反观第二种设计思路，虽然也为区分留了余地，但整体上抹杀了发达国家应承担的历史责任，完全无法体现"共区"原则的本质精神。符合中国诉求的 2015 协议，应在减缓、适应、资金、技术、能力建设以及透明度等所有要素设计时都体现出发达国家和发展中国家的区别。例如，在减缓方面，可沿用《坎昆协议》的方式，要求发达国家作出全经济体的绝对量化减排贡献，发展中国家根据自身情况作出形式多样的贡献；在适应、资金、技术和能力建设方面，发达国家应加大对发展中国家支持的力度和透明度，发展中国家在获得支持后开展进一步减缓和适应行动；在 MRV 方面，基本按照现有的机制进行，即发达国家接受国际评估和审评，发展中国家接受国际磋商与分析。

（二）协议各要素的方案设计

各方对 2015 协议由减缓、适应、技术、资金等基本要素组成已基本达成了共识，对协议的设计必将围绕着这些要素展开。

1. 减缓

《京都议定书》式的"自上而下"减排模式已基本被排除在 2015 协议减排模式的选项之外，各国自主"承诺加审评"的减排模式基本确立。"承诺加审评"减排模式的主要特征是各国根据各自国情、发展阶段、能力等因素提出可以为全球减排作出的贡献。这种"自下而上"的承诺模式，还应考虑各国贡献总和是否满足将全球温升控制在 2℃的要求，这涉及到要不要审评，如何审评的问题，也是下一阶段谈判的焦点。

关于审评，美国考虑到国内排放总量大且还在峰值区间徘徊，上行的可能性依然存在，因此只提自主承诺，不提审评；欧盟大部分成员国排放总量不大且早已达到峰值；小岛国和最不发达国家排放量很小且面临气候变化威胁最紧迫，因此要求审评各国自主提出的承诺方案，以督促各国不断提高减排力度。中国作为发展中国家应享有继续完成可持续发展目标的权利，应该继续坚持在可持续发展的框架下解决气候变化问题的战略思路，但也不应该回避我国是全球排放超级大国的客观现实，应积极回应国际社会对我国增强减排努力的要求。应妥善统筹协调国内发展需要和国际压力，管控国际社会对我国的预期，为国内低碳发展提供战略性指导，同时维护好负责任大国形象。

2015 协议应在减缓方面充分体现发达国家和发展中国家的区分，区分可以体现在对国家自主贡献力度的要求上，如要求发达国家应在现有减排承诺水平的基础上大幅度提高；也可体现在国家自主贡献形式上，如要求发达国家承担全经济领域绝对量化减排目标，发展中国家按照《坎昆协议》模式，作出形式多样的自主贡献。

2. 适应

2015 协议中的适应要素设计应基于科学、公平、有效、共赢的原则，严格遵守《公约》提出的"共同但有区别的责任"划分，与《公约》下现有机制安排紧密衔接，真正成为适应气候变化国际行动的发动机和助推器，为国际社会开展适应务实合作（包括知识信息交流、资金、技术、能力建设等）提供载体和平台，从而确保全球适应行动的广度和深度。2015 协议应要求发达国家加大对发展中国家适应行动的支持，确保全球适应行动的充足性和有效性，建立和完善发达国家对发展中国家适应支持的评估机制。

3. 技术

2015 协议应在现有技术机制和有关成果（如技术需求评估、技术路线图）的基础上，要求发达国家为发展中国家转变发展方式、实现低碳发展切实提供技术支持，包括与发展中国家联合开展技术开发活动，向发展中国家转让关键技术，协调解决相关技术领域知识产权问题，提高发展中国家技术创新能力，帮助发展中国家加速技术扩散等。同时，协议还应要求发达国家加强对向发展中国家提供支持的报告力度，建立更加严格和量化的评估机制，定期审评发达国家向发展中国家提供技术支持的进展。2015协议还应鼓励有能力的发展中国家，以适当的形式向其他发展中国家提供技术支持，相关支持应以某种形式被协议认可。

4. 资金

关于资金，发达国家提供资金的规模、资金来源、对资金支持的 MRV 问题应该在未来协议中得到解决。同时，中国、沙特、印度等发展中国家以南南合作的形式在包括应对气候变化在内的可持续发展领域为其他发展中国家提供的援助也在不断增加。尽管这部分资金在性质上必须与发达国家出资严格区分开，但发展中国家间的互助资金也应在未来协议中以适当形式被认可，作为出资方对全球应对气候变化的贡献，以这样的方式鼓励发展中国家不断提高出资水平。

六、中国在新协议中的贡献

作为一个排放量超过全球 1/4 的发展中大国，中国如何作为将对协议的成败和效果产生重大影响，中国有压力、有必要，也有能力在新协议中承担与我国客观定位相符的贡献。

（一）中国贡献需统筹考虑国际预期和国内需求

1. 各国对中国贡献的预期不同，但压力将不断增加

发达国家和小岛国等普遍要求中国承担与发达国家无差别的承诺，承担更多的减排义务，尽早达到温室气体排放峰值，但各方出发点有所不同。小岛国主要出于生存的考虑；欧盟则以实现 2℃目标，维护其气候变化领导者地位出发；而美国通过要求中国与其"同进退"，建立大国治理气候变化的模式，重夺其在气候变化问题上的领导力，维护产业整体竞争力。

立场相近的发展中国家普遍希望中国能成为维护发展中国家利益的旗手，发挥旗帜作用，在气候变化问题上坚持"共区"原则以及发达国家与发展中国家阵营的区分，抵挡来自发达国家的压力，维护发展中国家的利益。

另外，一些发展中国家，如南非，则希望中国在减缓和资金支持领域作出更大的妥协，以体现新兴经济体的影响力和领导力。

除了减缓，中国也面临着越来越大的出资压力。欧美等发达国家都希望在机制上将新兴发展中国家也纳入出资方，向其转嫁部分出资义务，缓解出资压力。作为资金支持的受益者，很多最不发达国家也开始对中国等新兴发展中大国抱有出资预期。同时，很多发展中国家希望中国在资金和设备援助的基础上，开展更广泛的南南合作。

2. 科学研究就 2℃目标下的全球减排行动提出了明确要求，中国需要尽快达到峰值并实现排放趋势逆转

21 世纪末将温升控制在相对工业化前不超过 2℃的水平是国际社会已经确立的政治共识。然而，要实现 2℃目标，需要全球实现全方位的巨大转型，中国 2020 年后的排放能否进入转型阶段，成为全球实现 2℃目标的关键因素。

根据 IPCC 第五次评估报告第三工作组的最新情景研究结果，绝大多数实现 2℃的情景要求全球排放在 2020 年之前达到峰值。在成本最优情景下，为实现 $430×10^{-6} \sim 530×10^{-6}$ 的情景，亚洲国家（主要是中国、印度，不包括日本）2030 年排放普遍要求回到 2010 年水平，在 2010 年基础上上升 14% 或下降 15%。若综合各种努力分配方案（未考虑成本有效方案），为实现 $450×10^{-6}$ 目标，亚洲国家 2030 年的排放需要基本回到并略低于 2010 年的排放水平，在 2010 年的基础上上升 7% 或下降 33%。南亚（主要是印度）2030 年的排放可大幅高于 2010 年水平，继续上升 50% ~ 60%。而东亚（主要是中国）2030 年的排放则需要大幅低于 2010 年水平，在 2010 年基础上下降 0 ~ 40%。根据这些情景要求，中国温室气体排放至少需要在 2030 年前达到峰值并实现趋势逆转。

3. 国内实现低碳发展的呼声渐高，但需统筹其他发展需求

党的"十八大"提出将生态文明建设纳入中国特色社会主义事业"五位一体"总体布局，提出"面对资源约束趋紧、环境污染严重、生态系统退化的严峻形势，必须树立尊重自然、顺应自然、保护自然的生态文明理念，把生态文明建设放在突出地位，融入经济建设、政治建设、文化建设、社会建设各方面和全过程。努力建设美丽中国，实现中华民族永续发展"。国内关于走绿色、循环和低碳的发展道路的呼声渐高。

但是，中国走低碳发展道路实现排放量增长趋势逆转还面临很多困难：中国正处于工业化、城镇化的发展进程中，增排压力显著；能源结构受高碳能源资源禀赋限制，结构调整压力大；在实现低碳发展所需的资金、技术、体制、机制、意识方面都存在差距等。国内低碳发展面临的这些困难和不确定性给我国在国际气候机制下作出应对气候变化承诺带来了很大的挑战。

此外，中国还需协调低碳发展与社会经济发展、国内资源环境保护、能源安全、可持续发展等其他政策目标的关系，它们之间并不必然一致，需要具体情况具体分析。例如，根据美国等发达国家的经验，控制环境污染并不必然要求减少能源使用碳排放。而且，一些低碳技术和产业还可能带来额外的资金、资源和环境成本，例如碳捕集和封存技术。

（二）对中国贡献的考虑

在新协议中，中国应立足于本国国情和客观定位，更加积极参与到国际气候进程中，实现从参与者到领导者的角色转变，主动推动促成对于我国有利的"公平、有效、共赢"的 2020 年后国际气候制度的达成，为全球应对气候变化作出新贡献。

1. 积极参与，促进新协议的达成

中国面临低碳发展的内在需求，同时也需要为中国低碳发展营造一个有利的国际环境。作为一个排放超级大国和即将完成工业化进程的新兴发展中大国，中国在 2015 协议谈判进程中将面临更为凸显的局面。主动作为、积极引导将是破解这一难题，争取国际社会支持的有效手段。随着中国经济的发展，2020 年中国的经济总量有望达到美国当前的水平，将有能力在众多国际事务中发挥更为积极的作用。在新协议中，中国应逐步由国际应对气候变化进程的积极参与者转变为"公平、有效、共赢"的国际气候制度的制定者和主导者，实现从"争空间"到"谋合作"的战略转身，充分展现负责任大国的积极姿态，促进新协议的达成。

2. 管控温室气体，尽早达到峰值

纵观工业革命以来的全球二氧化碳排放历史，虽然"美、加、澳"和"欧、日"的具体轨迹和峰值水平呈现不同的模式，但目前还没有一个经济体能够摆脱随人均 GDP/ 人类发展水平提高，人均二氧化碳 排放水平"先增长后下降"的"倒 U 型"的库兹涅茨曲线路径。存在这一现象并不意味无所

作为，通过适当的管控措施仍有望实现不同的排放轨迹，促成更早更低峰值。对于发展中国家特别是新兴发展中国家而言，未来的发展路径是沿着"高增长、高排放"的美国模式还是"高增长、低排放"的欧日模式的轨迹，或者走出一条创新的更为低碳的发展路径，对其自身的社会经济可持续发展和全球应对气候变化的努力，都将具有十分重要的意义。

作为一个后发的发展中排放大国，不论是从全球应对气候变化需求还是国内资源环境约束看，中国都有必要改变现有发展模式，在发达国家适当支持下，通过发展模式的跃迁，开创一条比欧美等发达国家更为低碳的、更早达到更低峰值的创新发展道路。而且，中国创新发展路径的努力和实践对于其他面临同样发展需求的发展中国家而言，也有着很重要的借鉴意义。中国目前虽然仍面临着一定的增排压力，但从发达国家的历史经验看，中国已进入"峰值管理"阶段。中国应在充分认识气候变化问题的严重性和紧迫性的基础上，本着对人类长远发展高度负责的精神，坚定不移地走创新的可持续发展道路，采取积极措施管控峰值。以转型为特征的峰值贡献目标与中国创新发展路径的需求和意图非常契合，可考虑作为中国在新协议中的贡献的一部分。但是，考虑到峰值本身具有较大不确定性，很难准确预估，而且正如前文所述，国际社会对中国转型要求和基于国内能力、需求提出的峰值目标之间可能还存在较大差距，因此，在具体贡献指标、力度、提出策略上仍需谨慎斟酌。

3. 加大援助力度，加强气候变化南南合作

在坚持发达国家、发展中国家区分的同时承认中国与众多发展中国家的区别，顺应发展中国家对中国的预期，加大对外援助力度，切实帮助其提高适应和减缓气候变化的能力，有助于帮助中国更好巩固发展中国家的战略依托，理顺各种关系，创造一个对中国发展有利的国际环境。另外，从发达国家历史经验看，对外援助对开拓国际市场、鼓励技术创新以及促

进对外贸易等方面均有积极作用。增加气候变化领域南南合作力度符合我国的外交、贸易和经济利益。

在新协议中，中国应进一步加强气候变化南南合作，扩展气候变化南南合作的规模和领域，构建一个形式和内容上与发达国家支持有所区别的、发展中国家之间的应对气候变化合作模式，从较为单一的产品推广和能力建设培训转向更为广泛的包含技术援助、政策实践交流和战略规划制定在内的多层次综合的南南合作体系，并根据经济发展情况和中国客观定位，做好适当增加出资规模的准备。

4. 加强科研合作投入，强化科学应对

应对气候变化，必须建立在对气候变化问题的科学认知基础上。目前人类对气候变化问题的认知还有很多局限和不确定性。在新协议中，中国应坚持倡导"科学应对气候变化"的原则，进一步鼓励各国加强对气候变化领域科学问题的基础研究，加大科研投入，推动对减缓、适应气候变化关键技术的研发，强化对气候变化各领域专家力量的培育、组织和引导，积极参与、强化和利用国际应对气候变化的科研平台如 IPCC，建立国际应对气候变化的智库合作平台，提高人类对减缓和适应气候变化的认知水平，提高科学应对气候变化的能力。

5. 创新合作机制，增强区域合作

随着国际政治、经济、能源、排放形势的变动，在新协议中，中国应适应全球共同应对气候变化的新形势，推动加强全球在低碳发展重点领域的对话交流，研究、设计、提出并构筑长期、稳固、共赢的低碳发展国际合作新机制，在低碳发展相关领域开展全方位的国际交流、对话和务实合作，拓宽国际合作渠道，推动建立涉及投资、贸易、技术合作、政策等各方面的涵盖国家、区域、省市、行业各层级的创新综合国际合作体系。此外，中国政府还应积极参与到作为公约有益补充的区域性合作中，探索包

括丝绸之路经济带和海上丝绸之路经济带在内的应对气候变化的区域合作模式，推动气候变化领域的务实区域合作。

（撰稿人：李俊峰　张晓华　陈济　傅莎　祁悦　陈怡　马涛　王田）

中国应对气候变化的
政策与行动

2014

年度报告

China's Policies and Actions for
Addressing Climate Change
2014 Annual Report

——附录

附录一　China's Policies and Actions for Addressing Climate Change （2014）

Foreword

Chinese society and the Chinese economy have entered a new epoch. The country faces a grave ecological situation and must undertake the arduous task of addressing climate change. Wide spread and continuous smog continued to afflict many parts of China in 2013, arousing public concern and underlining the need to switch from our current extensive model of development to a green, low-carbon economy. Pursuing green, low-carbon development and actively addressing climate change is not only necessary to advance our ecological progress and put our development on a sustainable path, but will also demonstrate to the world that China is a responsible country committed to making an active contribution to protecting the global environment. The Chinese government is acutely aware of the problem of climate change. In May, 2014, the Chinese government issued the 2014-2015 Action Plan for Energy Conservation, Emissions Reduction and Low-carbon Development, which committed China to cutting carbon dioxide emissions per unit of GDP by 4 percent this year and 3.5 percent next year. China's National Plan on Climate Change for 2014-2020 was issued in September, and identified the guiding principles, main goals, roadmap, key targets, and policy directions necessary to address climate change. At the United Nations climate change summit in September, vice premier Zhang Gaoli, the special envoy of President Xi Jinping, presented China's policies and actions already taken for dealing with climate change. He said that China would soon publish its post—2020 objectives for addressing climate change, cutting carbon intensity, increasing the proportion of non-fossil energy in energy consumption, increasing its forested area, and reaching peak carbon dioxide emissions as soon as possible.

Since 2013, China has been pursuing the targets for addressing climate change set out in the 12th Five-Year Plan; implementing the action plan for controlling greenhouse gas emissions, adjusting the country's industrial structure, saving energy, increasing energy efficiency, optimizing the energy structure, increasing carbon sinks, adapting to climate change and intensifying the capability building. China has made significant progress in addressing climate change. Carbon dioxide emissions per unit of GDP in 2013 were 4.3 percent lower than in 2012, and 28.56 percent lower than in 2005, equivalent to a cumulative reduction of 2.5 billion tons of carbon dioxide. China is also playing an active and constructive role in international negotiations on climate change, is promoting the outcomes earned at the Warsaw Climate Change Conference, improving international communication and cooperation, and, through all these initiatives, is making a major contribution to addressing climate change.

This annual report has been compiled to help the various interested parties understand the policies and actions undertaken by China to address climate change, and the achievements registered since 2013.

附录二 碳排放权交易管理暂行办法

中华人民共和国国家发展和改革委员会令 第 17 号

为落实党的十八届三中全会决定、"十二五"规划《纲要》和国务院《"十二五"控制温室气体排放工作方案》的要求，推动建立全国碳排放权交易市场，我委组织起草了《碳排放权交易管理暂行办法》。现予以发布，自发布之日起 30 日后施行。

2014 年 12 月 10 日

碳排放权交易管理暂行办法

第一章 总则

第一条 为推进生态文明建设，加快经济发展方式转变，促进体制机制创新，充分发挥市场在温室气体排放资源配置中的决定性作用，加强对温室气体排放的控制和管理，规范碳排放权交易市场的建设和运行，制定本办法。

第二条 在中华人民共和国境内，对碳排放权交易活动的监督和管理，适用本办法。

第三条 本办法所称碳排放权交易，是指交易主体按照本办法开展的排放配额和国家核证自愿减排量的交易活动。

第四条 碳排放权交易坚持政府引导与市场运作相结合，遵循公开、公平、公正和诚信原则。

第五条 国家发展和改革委员会是碳排放权交易的国务院碳交易主管

部门（以下称国务院碳交易主管部门），依据本办法负责碳排放权交易市场的建设，并对其运行进行管理、监督和指导。

各省、自治区、直辖市发展和改革委员会是碳排放权交易的省级碳交易主管部门（以下称省级碳交易主管部门），依据本办法对本行政区域内的碳排放权交易相关活动进行管理、监督和指导。

其他各有关部门应按照各自职责，协同做好与碳排放权交易相关的管理工作。

第六条　国务院碳交易主管部门应适时公布碳排放权交易纳入的温室气体种类、行业范围和重点排放单位确定标准。

第二章　配额管理

第七条　省级碳交易主管部门应根据国务院碳交易主管部门公布的重点排放单位确定标准，提出本行政区域内所有符合标准的重点排放单位名单并报国务院碳交易主管部门，国务院碳交易主管部门确认后向社会公布。

经国务院碳交易主管部门批准，省级碳交易主管部门可适当扩大碳排放权交易的行业覆盖范围，增加纳入碳排放权交易的重点排放单位。

第八条　国务院碳交易主管部门根据国家控制温室气体排放目标的要求，综合考虑国家和各省、自治区和直辖市温室气体排放、经济增长、产业结构、能源结构，以及重点排放单位纳入情况等因素，确定国家以及各省、自治区和直辖市的排放配额总量。

第九条　排放配额分配在初期以免费分配为主，适时引入有偿分配，并逐步提高有偿分配的比例。

第十条　国务院碳交易主管部门制定国家配额分配方案，明确各省、自治区、直辖市免费分配的排放配额数量、国家预留的排放配额数量等。

第十一条　国务院碳交易主管部门在排放配额总量中预留一定数量，用于有偿分配、市场调节、重大建设项目等。有偿分配所取得的收益，用于促进国家减碳以及相关的能力建设。

第十二条　国务院碳交易主管部门根据不同行业的具体情况，参考相关行业主管部门的意见，确定统一的配额免费分配方法和标准。

各省、自治区、直辖市结合本地实际，可制定并执行比全国统一的配额免费分配方法和标准更加严格的分配方法和标准。

第十三条　省级碳交易主管部门依据第十二条确定的配额免费分配方法和标准，提出本行政区域内重点排放单位的免费分配配额数量，报国务院碳交易主管部门确定后，向本行政区域内的重点排放单位免费分配排放配额。

第十四条　各省、自治区和直辖市的排放配额总量中，扣除向本行政区域内重点排放单位免费分配的配额量后剩余的配额，由省级碳交易主管部门用于有偿分配。有偿分配所取得的收益，用于促进地方减碳以及相关的能力建设。

第十五条　重点排放单位关闭、停产、合并、分立或者产能发生重大变化的，省级碳交易主管部门可根据实际情况，对其已获得的免费配额进行调整。

第十六条　国务院碳交易主管部门负责建立和管理碳排放权交易注册登记系统（以下称注册登记系统），用于记录排放配额的持有、转移、清缴、注销等相关信息。注册登记系统中的信息是判断排放配额归属的最终依据。

第十七条　注册登记系统为国务院碳交易主管部门和省级碳交易主管部门、重点排放单位、交易机构和其他市场参与方等设立具有不同功能的账户。参与方根据国务院碳交易主管部门的相应要求开立账户后，可在注册登记系统中进行配额管理的相关业务操作。

第三章　排放交易

第十八条　碳排放权交易市场初期的交易产品为排放配额和国家核证

自愿减排量，适时增加其他交易产品。

第十九条　重点排放单位及符合交易规则规定的机构和个人（以下称交易主体），均可参与碳排放权交易。

第二十条　国务院碳交易主管部门负责确定碳排放权交易机构并对其业务实施监督。具体交易规则由交易机构负责制定，并报国务院碳交易主管部门备案。

第二十一条　第十八条规定的交易产品的交易原则上应在国务院碳交易主管部门确定的交易机构内进行。

第二十二条　出于公益等目的，交易主体可自愿注销其所持有的排放配额和国家核证自愿减排量。

第二十三条　国务院碳交易主管部门负责建立碳排放权交易市场调节机制，维护市场稳定。

第二十四条　国家确定的交易机构的交易系统应与注册登记系统连接，实现数据交换，确保交易信息能及时反映到注册登记系统中。

第四章　核查与配额清缴

第二十五条　重点排放单位应按照国家标准或国务院碳交易主管部门公布的企业温室气体排放核算与报告指南的要求，制定排放监测计划并报所在省、自治区、直辖市的省级碳交易主管部门备案。

重点排放单位应严格按照经备案的监测计划实施监测活动。监测计划发生重大变更的，应及时向所在省、自治区、直辖市的省级碳交易主管部门提交变更申请。

第二十六条　重点排放单位应根据国家标准或国务院碳交易主管部门公布的企业温室气体排放核算与报告指南，以及经备案的排放监测计划，每年编制其上一年度的温室气体排放报告，由核查机构进行核查并出具核查报告后，在规定时间内向所在省、自治区、直辖市的省级碳交易主管部门提交排放报告和核查报告。

第二十七条　国务院碳交易主管部门会同有关部门，对核查机构进行管理。

第二十八条　核查机构应按照国务院碳交易主管部门公布的核查指南开展碳排放核查工作。重点排放单位对核查结果有异议的，可向省级碳交易主管部门提出申诉。

第二十九条　省级碳交易主管部门应当对以下重点排放单位的排放报告与核查报告进行复查，复查的相关费用由同级财政予以安排：

（一）国务院碳交易主管部门要求复查的重点排放单位；

（二）核查报告显示排放情况存在问题的重点排放单位；

（三）除（一）、（二）规定以外一定比例的重点排放单位。

第三十条　省级碳交易主管部门应每年对其行政区域内所有重点排放单位上年度的排放量予以确认，并将确认结果通知重点排放单位。经确认的排放量是重点排放单位履行配额清缴义务的依据。

第三十一条　重点排放单位每年应向所在省、自治区、直辖市的省级碳交易主管部门提交不少于其上年度经确认排放量的排放配额，履行上年度的配额清缴义务。

第三十二条　重点排放单位可按照有关规定，使用国家核证自愿减排量抵消其部分经确认的碳排放量。

第三十三条　省级碳交易主管部门每年应对其行政区域内重点排放单位上年度的配额清缴情况进行分析，并将配额清缴情况上报国务院碳交易主管部门。国务院碳交易主管部门应向社会公布所有重点排放单位上年度的配额清缴情况。

第五章　监督管理

第三十四条　国务院碳交易主管部门应及时向社会公布如下信息：纳

入温室气体种类，纳入行业，纳入重点排放单位名单，排放配额分配方法，排放配额使用、存储和注销规则，各年度重点排放单位的配额清缴情况，推荐的核查机构名单，经确定的交易机构名单等。

第三十五条　交易机构应建立交易信息披露制度，公布交易行情、成交量、成交金额等交易信息，并及时披露可能影响市场重大变动的相关信息。

第三十六条　国务院碳交易主管部门对省级碳交易主管部门业务工作进行指导，并对下列活动进行监督和管理：

（一）核查机构的相关业务情况；

（二）交易机构的相关业务情况。

第三十七条　省级碳交易主管部门对碳排放权交易进行监督和管理的范围包括：

（一）辖区内重点排放单位的排放报告、核查报告报送情况；

（二）辖区内重点排放单位的配额清缴情况；

（三）辖区内重点排放单位和其他市场参与者的交易情况。

第三十八条　国务院碳交易主管部门和省级碳交易主管部门应建立重点排放单位、核查机构、交易机构和其他从业单位和人员参加碳排放交易的相关行为信用记录，并纳入相关的信用管理体系。

第三十九条　对于严重违法失信的碳排放权交易的参与机构和人员，国务院碳交易主管部门建立"黑名单"并依法予以曝光。

第六章　法律责任

第四十条　重点排放单位有下列行为之一的，由所在省、自治区、直辖市的省级碳交易主管部门责令限期改正，逾期未改的，依法给予行政处罚。

（一）虚报、瞒报或者拒绝履行排放报告义务；

（二）不按规定提交核查报告。

逾期仍未改正的，由省级碳交易主管部门指派核查机构测算其排放量，并将该排放量作为其履行配额清缴义务的依据。

第四十一条　重点排放单位未按时履行配额清缴义务的，由所在省、自治区、直辖市的省级碳交易主管部门责令其履行配额清缴义务；逾期仍不履行配额清缴义务的，由所在省、自治区、直辖市的省级碳交易主管部门依法给予行政处罚。

第四十二条　核查机构有下列情形之一的，由其注册所在省、自治区、直辖市的省级碳交易主管部门依法给予行政处罚，并上报国务院碳交易主管部门；情节严重的，由国务院碳交易主管部门责令其暂停核查业务；给重点排放单位造成经济损失的，依法承担赔偿责任；构成犯罪的，依法追究刑事责任。

（一）出具虚假、不实核查报告；

（二）核查报告存在重大错误；

（三）未经许可擅自使用或者公布被核查单位的商业秘密；

（四）其他违法违规行为。

第四十三条　交易机构及其工作人员有下列情形之一的，由国务院碳交易主管部门责令限期改正；逾期未改正的，依法给予行政处罚；给交易主体造成经济损失的，依法承担赔偿责任；构成犯罪的，依法追究刑事责任。

（一）未按照规定公布交易信息；

（二）未建立并执行风险管理制度；

（三）未按照规定向国务院碳交易主管部门报送有关信息；

（四）开展违规的交易业务；

（五）泄露交易主体的商业秘密；

（六）其他违法违规行为。

第四十四条　对违反本办法第四十条至第四十一条规定而被处罚的重点排放单位，省级碳交易主管部门应向工商、税务、金融等部门通报有关情况，并予以公告。

第四十五条　国务院碳交易主管部门和省级碳交易主管部门及其工作人员，未履行本办法规定的职责，玩忽职守、滥用职权、利用职务便利牟取不正当利益或者泄露所知悉的有关单位和个人的商业秘密的，由其上级行政机关或者监察机关责令改正；情节严重的，依法给予行政处罚；构成犯罪的，依法追究刑事责任。

第四十六条　碳排放权交易各参与方在参与本办法规定的事务过程中，以不正当手段谋取利益并给他人造成经济损失的，依法承担赔偿责任；构成犯罪的，依法追究刑事责任。

第七章　附则

第四十七条　本办法中下列用语的含义：

温室气体：是指大气中吸收和重新放出红外辐射的自然和人为的气态成分，包括二氧化碳（CO_2）、甲烷（CH_4）、氧化亚氮（N_2O）、氢氟碳化物（HFCs）、全氟化碳（PFCs）、六氟化硫（SF_6）和三氟化氮（NF_3）。

碳排放：是指煤炭、天然气、石油等化石能源燃烧活动和工业生产过程以及土地利用、土地利用变化与林业活动产生的温室气体排放，以及因使用外购的电力和热力等所导致的温室气体排放。

碳排放权：是指依法取得的向大气排放温室气体的权利。

排放配额：是指政府分配给重点排放单位指定时期内的碳排放额度，是碳排放权的凭证和载体。1单位配额相当于1吨二氧化碳当量。

重点排放单位：是指满足国务院碳交易主管部门确定的纳入碳排放权交易标准且具有独立法人资格的温室气体排放单位。

国家核证自愿减排量：是指依据国家发展和改革委员会发布施行的《温室气体自愿减排交易管理暂行办法》的规定，经其备案并在国家注册登记系统中登记的温室气体自愿减排量，简称 CCER。

第四十八条　本办法自公布之日起 30 日后施行。

附录三　低碳社区试点建设指南

国家发展改革委办公厅
关于印发低碳社区试点建设指南的通知
发改办气候［2015］362 号

各省、自治区、直辖市及计划单列市、新疆生产建设兵团发展改革委：

　　为进一步加强对低碳社区试点建设工作的指导，根据《国家发展改革委关于开展低碳社区试点工作的通知》（发改气候［2014］489 号）的要求，我们组织编制了《低碳社区试点建设指南》（以下简称《指南》），现印发给你们，请根据《指南》要求，结合本地实际情况，开展低碳社区试点工作。

国家发展改革委办公厅
2015 年 2 月 12 日

前　言

　　根据《国务院关于印发"十二五"控制温室气体排放工作方案的通知》（国发［2011］41 号）和《国家发展改革委关于开展低碳社区试点工作的通知》（发改气候［2014］489 号）相关要求，为指导和推进低碳社区试点建设工作，国家发展改革委组织编制了《低碳社区试点建设指南》（以下简称《指南》）。

　　本《指南》中的"社区"是指城市居民委员会辖区或农村村民委员会辖区，包括辖区内的居民小区、社会单位、配套设施等。"低碳社区"是指通过构建气候友好的自然环境、房屋建筑、基础设施、生活方式和管理模式，降低能源资源消耗，实现低碳排放的城乡社区。《指南》明确了低碳社区试点的基本要求和组织实施程序，提出按照城市新建社区、城市既有社区和农村社区三种类别开展试点，并详细阐述了每类社区试点的选取要求、建设目标、建设内容及建设标准。

各级发展改革部门及参与试点建设的其他政府部门、企事业单位和社会团体等试点实施主体，可参照本《指南》，立足本地实际情况，本着因地制宜、分类推进的原则，科学有序开展低碳社区试点建设工作。

第一章　基本要求

1.1　指导思想

以科学发展观为指导，深入贯彻落实党的十八大和十八届三中、四中全会、中央城镇化工作会议精神，坚持从各地经济社会发展实际出发，按照绿色低碳、便捷舒适、生态环保、经济合理、运营高效的要求，坚持规划先行、循序渐进、因地制宜、广泛参与，打造一批符合不同区域特点、不同发展水平、特色鲜明的低碳社区试点，有效控制城乡建设和居民生活领域温室气体排放，为推进生态文明建设、加强和创新社会管理、构建社会主义和谐社会、提高城镇化发展质量作出积极贡献。

1.2　建设原则

1.2.1　贯彻落实国家战略要求

低碳社区试点建设要积极贯彻落实大力推进生态文明建设、主体功能区和新型城镇化战略、建设资源节约型和环境友好型社会、积极应对气候变化等重大战略部署，将有关理念和要求融入到社区规划、建设、运营管理和居民生活的全过程。

1.2.2　科学衔接相关工作部署

低碳社区试点建设要结合低碳省区和城市试点、智慧城市、社会主义新农村建设、棚户区改造、保障性住房建设、绿色建筑、战略性新兴产业、循环经济等各项工作部署，加强统筹规划和系统实施，把低碳社区试点打造为集成生态文明建设相关工作的综合平台。

1.2.3　突出反映地域发展特色

各地低碳社区试点建设要充分考虑不同地域的气候特征、地理特点、发展水平、发展模式等因素，坚持因地制宜、突出特色、量力而行、注重效果，科学确定本地区试点工作目标、建设重点，探索各具特色的低碳社区发展模式。

1.2.4　注重前瞻创新性探索

低碳社区试点建设要贯彻改革创新的精神，加强制度创新、管理创新、技术创新、模式创新，发挥好政府引导作用和市场决定性作用，推动各类社会主体广泛参与，积累社区低碳发展的新经验、新方法、新技术和新模式，为全国低碳发展发挥示范引领作用。

第二章　试点实施

2.1　实施主体

2.1.1　国家发展改革委

国家发展改革委负责全国低碳社区试点工作部署和统筹推进，将低碳社区试点进展情况纳入国家对各省（区、市）碳排放目标责任考核，制定低碳社区试点评价指标体系，加强对试点建设的指导，组织相关政策培训和经验交流，会同有关部门拟定并落实支持政策，开展"国家低碳示范社区"申报、评审和创建指导工作。

2.1.2　省级发展改革委

省级发展改革委负责牵头推进本地区低碳社区试点创建工作，拟定本地区低碳社区试点工作方案，并组织实施。负责本地区低碳社区试点实施方案评审和试点确定工作，指导本地区下级发展改革部门开展试点创建工作，会同本地区有关部门制定支持政策，根据试点工作进展适时组织对本地区试点进行评估验收，验收合格的授予"低碳示范社区"称号。

2.1.3　市县级发展改革部门

市县级发展改革部门应按照国家和本省的建设要求，组织试点社区申报，根据区域实际确定各类社区创建主体。市县级发展改革部门会同所在地规划、住建、交通、市政市容、财政、园林、水务等相关部门，建立低碳社区试点建设组织协调机制，指导落实本地低碳社区试点建设工作。

2.1.4　新区管委会、街道办事处、乡镇政府

新区管委会、街道办事处、乡镇政府是低碳社区试点建设工作具体组织单位，负责低碳社区试点的选取和申报工作，编制低碳社区试点建设实施方案，并组织社区居委会、村委会、开发建设单位、社区内相关企事业单位、社会机构和物业公司等参与试点工作。

2.1.5　新区开发投资主体、社区居民委员会、村民委员会

新区开发投资主体、社区居民委员会、村民委员会是低碳社区试点建设工作具体实施单位，根据低碳社区试点建设实施方案，协助所在地新区管委会、街道办事处和乡镇政府等相关部门，做好社区低碳制度的建立和完善、低碳设施的建设和运营、低碳社区服务的引入和规范、低碳文化生活的宣传和推广等工作。

2.1.6　其他参与机构

结合低碳社区试点建设的实际需求，充分调动房地产开发企业、村镇集体企业、物业公司、业主委员会、规划咨询机构、金融机构、科研机构、碳咨询管理机构、非政府组织和中介服务组织等社会机构积极性，鼓励其参与到试点规划建设、运营管理和低碳生活方式创建的全过程。充分利用各社会机构的专业优势，有效整合低碳建设多种资源，创新多元化服务体系，切实发挥其在试点建设中的专业化服务职能。

2.2　创建流程

2.2.1　工作方案编制

省级发展改革委根据国家低碳社区试点工作确定的总体要求，结合本地区低碳发展工作实际，制定工作方案，明确本地区低碳社区试点工作目标、进度安排、基本要求、保障措施。

2.2.2　试点申报和名单确定

根据国家统一部署和本地区试点申报要求，市县级发展改革部门组织辖区内社区进行申报。省级发展改革委根据本地区试点工作方案，兼顾城市新建社区试点、城市既有社区试点、农村社区试点三大类别，对申报社区进行评审，确定本地区开展的低碳社区试点名单，并抄报国家发展改革委。

2.2.3　实施方案制定和审核

纳入本地区试点名单的社区，由主管社区的新区管委会、街道办事处、乡镇政府负责组织编制低碳社区试点建设实施方案，并经市县级发展改革部门上报省级发展改革委审核通过。实施方案的内容应根据本《指南》确定的目标要求、建设内容，结合本社区实际，突出特色，确保切实可行。

2.2.4　组织实施

试点实施主体应根据确定的实施方案，做好任务分工、目标分解和进度安排。各级发展改革部门应对本地区试点进行跟踪指导，及时反馈试点进展情况和存在问题，指导试点社区对实施方案适时调整完善，加大对试点政策支持力度。效果突出的试点社区可组织申报"国家低碳示范社区"。

2.2.5　试点验收

试点建设周期一般为 3 年左右。试点期结束前，由试点实施主体编制试点工作总结报告，提请省级发展改革委组织验收。验收工作应参照国家发展改革委发布的《低碳社区试点建设评价指标体系》，验收合格的授予"低碳示范社区"称号，效果突出的授予"国家低碳示范社区"称号。

2.2.6 经验总结与推广

各级发展改革部门应对本地区低碳试点经验及时进行总结，对效果突出的典型案例，加强经验交流和宣传推广。国家发展改革委对各地成功经验，特别是"国家低碳示范社区"的典型做法和建设模式，在全国范围内进行推广，并作为我国积极应对气候变化的重要创新成果，在国际交流合作中进行展示和推介。

2.3 分类实施

综合考虑城乡社区开发建设成熟度、生活方式特点和低碳建设重点内容等因素，将低碳社区试点划分为城市新建社区试点、城市既有社区试点、农村社区试点三大类，并探索形成符合实际、各具特色的建设模式。

2.3.1 城市新建社区试点

城市新建社区是指规划建设用地 50% 以上未开发或正在开发的城市新开发社区。城市新建社区试点应按高标准做好源头控制，以低碳规划为统领，在社区建设、运营、管理全过程和居民生活等方面践行低碳理念。整体拆迁的旧城改造、棚户区改造、城中村改造项目可按城市新建社区开展试点。

尚未建立街道办事处、居民委员会等社区管理机构的城市新建社区，由新区管委会或投资开发主体负责创建，调动多方主体共同参与，构建政府管理机构、开发企业、社会组织多维组合的建设模式；政府规划建设相关部门应加强协作，采取联席会、一站式审批等多种方式，强化新建社区的统一规划和滚动开发建设。鼓励探索由专业化大型物业管理集团对低碳社区统一运营管理的新模式。

2.3.2 城市既有社区试点

城市既有社区是指已基本完成开发建设、基本形成社区功能分区、具有较为完备的基础设施和管理服务体系的成熟城市社区。城市既有社区试点建设要以控制和削减碳排放总量为目标，以低碳理念为指导，对社区建筑、基础设施进行低碳化改造，完善社区低碳管理和运营模式，推广低碳生活方式。

街道办事处、居民委员会作为试点创建主体，应根据社区空间特征、设施状况、管理方式、居民构成等基本情况，制定符合本社区实际情况、具有特色的试点实施方案，鼓励通过政府购买服务和市场化运作相结合，引入社会资本，推广应用合同能源管理、公私合作、特许经营等新型市场化运营方式，探索政府引导、市场主导和多主体推进等不同建设运营模式。鼓励联合社区内企业和社会单位共同创建。

2.3.3 农村社区试点

农村社区是指未纳入城区规划范围的行政建制村域。农村社区试点建设要紧扣改善农村人居环境的目标，根据本地资源、气候特点，科学规划村域建设，加强绿色农房和低碳基础设施建设，推进低碳农业发展和产业优化升级，推广符合农村特点的低碳生活方式。

乡镇政府、村民委员会作为试点创建主体应根据本地发展环境、建设基础、产业特色、文化特征、气候特点等实际情况，创新农村低碳社区试点建设模式，积极探索由乡镇政府主导、村镇集体企业、第三方开发主体、社会机构等多方力量共同参与的农村低碳社区建设运营模式。

第三章 城市新建社区试点

3.1 试点选取

城市新建社区试点选取应遵循以下原则：

（1）纳入城市总体规划，符合土地利用规划，有明确四至范围；

（2）社区开发建设责任主体明确；

（3）属于地方城镇化建设的重点区域，对带动当地低碳发展具有示范引领作用；

（4）优先考虑国家低碳城（镇）试点、低碳工业园区试点、国家绿色生态示范城区、国家新能源示范城市、绿色能源示范县、新能源示范园区等范围内的社区；

（5）优先考虑开展保障性住房开发、城市棚户区改造、城中村改造等项目的社区。

3.2　建设指标

3.2.1　指标体系

试点建设指标体系设置强调从规划建设环节提出高标准的准入要求，基于前瞻性和可操作性，设定了 10 类一级指标和 46 个二级指标，覆盖了社区低碳规划、建设、运营管理的全过程。其中，约束性指标是试点建设必须要达到目标参考值要求的指标，引导性指标是试点建设可根据自身情况确定目标参考值的指标。

试点社区应参照本指标体系，考虑自身实际情况，确定本社区各项指标的目标值，并适当增加有地域特色的指标。

表 1　城市新建社区试点建设指标体系

一级指标	二级指标	指标性质		目标参考值
碳排放量	社区二氧化碳排放下降率	约束性		≥20%（比照基准情景）
空间布局	建设用地综合容积率	约束性		1.2 ～ 3
	公共服务用地比例		引导性	≥20%
	产业用地与居住用地比率		引导性	1/3 ～ 1/4
绿色建筑	社区绿色建筑达标率		引导性	≥70%
	新建保障性住房绿色建筑一星级达标率	约束性		100%
	新建商品房绿色建筑二星级达标率	约束性		100%
	新建建筑产业化建筑面积占比		引导性	≥2%
	建筑精装修住宅建筑面积占比		引导性	≥30%

一级指标	二级指标	指标性质		目标参考值
交通系统	路网密度	约束性		$\geqslant 3km/km^2$
	公交分担率	约束性		$\geqslant 60\%$
	自行车租赁站点	约束性		$\geqslant 1$ 个
	电动车公共充电站	约束性		$\geqslant 1$ 个
	道路循环材料利用率		引导性	$\geqslant 10\%$
	社区公共服务新能源汽车占比		引导性	$\geqslant 30\%$
能源系统	社区可再生能源替代率	约束性		$\geqslant 2\%$
	能源分户计量率	约束性		$\geqslant 80\%$
	家庭燃气普及率	约束性		100%
	北方采暖地区集中供热率	约束性		100%
	可再生能源路灯占比		引导性	$\geqslant 80\%$
	建筑屋顶太阳能光电、光热利用覆盖率		引导性	$\geqslant 50\%$
水资源利用	节水器具普及率	约束性		$\geqslant 90\%$
	非传统水源利用率		引导性	$\geqslant 30\%$
	实现雨污分流区域占比		引导性	$\geqslant 90\%$
	污水社区化分类处理率		引导性	$\geqslant 10\%$
	社区雨水收集利用设施容量		引导性	$\geqslant 3\,000\ m^3/km^2$
固体废弃物处理	生活垃圾分类收集率	约束性		100%
	生活垃圾资源化率	约束性		$\geqslant 50\%$
	生活垃圾社区化处理率		引导性	$\geqslant 10\%$
	餐厨垃圾资源化率		引导性	$\geqslant 10\%$
	建筑垃圾资源化率		引导性	$\geqslant 30\%$
环境绿化美化	社区绿地率		引导性	$\geqslant 8\%$
	本地植物比例	约束性		$\geqslant 40\%$
运营管理	物业管理低碳准入标准	约束性		有
	碳排放统计调查制度	约束性		有
	碳排放管理体系	约束性		有
	碳排放信息管理系统		引导性	有
	引入的第三方专业机构和企业数量		引导性	$\geqslant 3$ 个

一级指标	二级指标	指标性质	目标参考值
低碳生活	基本公共服务社区实现率	约束性	100%
	社区公共食堂和配餐服务中心	约束性	有
	社区旧物交换及回收利用设施	约束性	有
	社区生活信息智能化服务平台	约束性	有
	低碳文化宣传设施	约束性	有
	低碳设施使用制度与宣传展示标识	引导性	有
	节电器具普及率	引导性	80%
	低碳生活指南	约束性	有

3.2.2　指标运用

试点社区应根据本指标体系，科学推进社区规划、建设、运营和管理。在规划环节，应把相关指标要求贯彻到经济社会发展、土地利用和城市建设等规划中，落实到空间布局，分解至地块、建筑和配套设施；在建设环节，应把相关指标要求体现在社区建筑、交通、基础设施等领域质量标准和项目管理中；在运营管理环节，应按相关指标要求，建立相应的制度规范、组织机构、管理体系和应用平台。

3.3　规划引导

3.3.1　贯彻低碳规划理念

优化空间布局。将低碳理念贯穿到社区土地利用规划、城市建设规划、控制性详细规划，实行"多规合一"，倡导产城融合，推行紧凑型空间布局，鼓励以公共交通为导向（TOD）的开发模式，倡导建设"岛式商业街区"。统筹已建区域改造与新区开发的关系，合理配置居住、产业、公共服务和生态等各类用地，科学布局基础设施，加强地下空间开发利用，推行社区"15分钟生活圈"，强化社区不同功能空间的联通性和共享性。

加强低碳论证。根据审核通过的低碳社区试点实施方案，对已有土地利用规划、城市建设规划、控制性详细规划组织开展低碳论证，对上述规划进行完善和补充，并将建筑、交通、能源、水资源、公共配套设施等各项低碳建设指标纳入规划。对新开发小区建设方案开展低碳专项评审。

3.3.2　低碳规划管理

强化土地出让环节的低碳准入要求。试点社区在土地出让条件中应将主要低碳建设指标纳入土地使用权出让合同，纳入控规指标体系，进入"一书两证"（城市规划选址意见书、建设用地规划许可证、建设工程规划许可证）审批流程。

强化项目的低碳管理要求。将试点社区低碳规划建设指标体系要求纳入社区建设管理工作，对试点社区内项目开展低碳评估。

强化开发单位的主体责任。建立覆盖一、二级开发和分领域规划设计管控机制。试点社区开发主体应按照低碳理念和低碳建设指标体系要求，进行项目规划和设计。项目单位提交的项目建议书、可行性研究报告等相关项目文件应包括低碳建设指标体系落实情况。

3.4　设施建设

3.4.1　绿色建筑

加强设计管控。根据试点社区相关指标要求，建设单位应从设计、选材、施工全过程严格落实试点社区绿色建筑比重和标准要求。建设单位在进行项目设计发包时，应在委托合同中明确绿色建筑指标、绿色建筑级别、低碳技术应用要求和建筑全生命周期低碳运营管理要求。设计单位应充分考虑当地气候条件，因地制宜采用被动式设计策略，最大限度地利用自然采光通风，合理选用可再生能源利用技术，做到可再生能源利用系统与建筑一体化同步设计，延长建筑使用寿命，降低建筑能源资源消耗。加强对项目设计图纸的低碳审查。支持试点社区进行国内外绿色建筑相关认证。推行绿色施工。优先选择国家和地方推荐和认证的节能低碳建筑材料、设备和技术，鼓励利用本地材料和可循环利用材料。施工单位参照《建筑工程绿色施工评价标准》，严格做好施工过程节能降耗及环境保护。积极推广工业化和设计装修一体化的建造方式。鼓励开展项目节能低碳评估验收。

3.4.2 低碳交通设施

路网布局。推行网格式道路布局，实现社区与周边路网有效衔接，做好社区微路网建设，优化社区出行道路与城市主干道接驳设计。合理规划校园、医院等人流车流密集区域交通设施。统筹考虑社区及周边公共交通站点设置，建设以人为本的慢行交通系统，提高公交车、地铁、自行车等不同交通方式换乘便利化程度，构建紧凑高效社区公交和慢行交通网络。在交通路网建设中尽可能利用循环再生材料。

新能源汽车配套设施。按照《国务院办公厅关于加快新能源汽车推广应用的指导意见》要求，优先支持试点社区同步规划建设新能源汽车充电桩等配套设施。设立社区新能源汽车租赁服务站点，开展电动汽车接驳服务。试点社区公交、环卫、邮政等领域和学校、医院等公共机构优先配备新能源汽车，支持社区内购物班车和物流配送采用新能源汽车。

静态交通设施。合理设置公共自行车租赁、拼车搭乘和出租车停靠设施。优先建设立体停车、地下停车设施。鼓励建设港湾式公交停靠站，在地铁始发站建设停车换乘（P+R）停车场。

智慧交通系统。应用现代信息技术，开发社区智慧交通服务系统，建设覆盖试点社区主要道路、公交场站、居民小区、公共场所的智慧交通出行引导设施，建立交通数据实时采集发布共享和运营调度平台，提供道路交通实时路况、出租车即时呼叫、智能停车引导、公共交通信息等服务，打造智慧交通出行服务体系。

3.4.3 低碳能源系统

常规能源高效利用。试点社区能源系统应优先接驳市政能源供应体系。

市政管网未通达社区，应建设集中供热设施，优先采用燃气供热方式，有条件的地区应积极利用工业余热或采用冷热电三联供。

可再生能源利用设施。鼓励可再生能源丰富的试点社区，积极建设太阳能光电、太阳能光热、水源热泵、生物质发电等可再生能源利用设施。采用太阳能路灯、风光互补路灯，在公交车站棚、自行车棚、停车场棚等建设光伏发电系统。鼓励利用生物质能、地热能等进行集中供暖。鼓励构建智能微电网系统。

能源计量监测系统。试点社区应在建筑及市政基础设施的建设过程中，同步设计安装电、热、气等能源计量器具，倡导建设能源利用在线监测系统，实现能源利用的分类、分项、分户计量。

3.4.4 水资源利用系统

给排水设施。统筹社区内、外水资源，优先接驳市政给排水体系，同步规划建设供水、排放和非传统水源利用一体化设施，鼓励雨污分流，倡导污水社区化分类处理和回用，构建社区循环水务系统。给排水管网建设同步安装智能漏损监测设备，实现实时监测、分段控制。

非传统水源利用。从单体建筑、小区、社区三个层面统筹建设中水回用系统。采用低影响开发理念，建设雨水收集、利用、控制系统，优先采用透水铺装，合理采用下凹式绿地、雨水花园和景观调蓄水池等方式利用雨水，实现与其他自然水系和排水系统的有效衔接。

3.4.5 固体废弃物处理设施

创新社区垃圾处理理念。按照"减量化、资源化、就地化"的处理原则，把循环经济理念全面贯彻到低碳社区建设过程中，更加注重分类回收利用，优先采用社区化处理方式，从建筑设计理念、基础设施配套、管理方式创新、居民生活行为等多层面，探索建立节约、高效、低碳、环保的社区垃圾处理系统，使社区成为"静脉产业"与"动脉产业"耦合的微循环平台。

根据不同地域社区居民生活消费习惯和垃圾成分特点，探索采用不同技术、工艺和管理手段，形成各具特色的社区化处理模式。

合理布局便捷回收设施。鼓励社区设立旧物交换站，商场、超市等设立以旧换新服务点。支持专业回收企业或资源再生利用企业在社区布置自动回收机等便捷回收装置，在有条件的社区设置专门的垃圾分类、收集、处理岗位，实现社区垃圾高效、专业化分类、回收利用和处理。

科学配置社区垃圾收集系统。科学布局社区内的固体废弃物分类收集和中转系统，减少固体废弃物的长距离运输。预留垃圾分类、中转、预处理场地空间。鼓励建设厨余、园林等废弃物社区化处理设施，促进社区内资源化利用。有效衔接市政固废处理系统，配备标准化的分类收集箱和封闭式运输车等设施。

3.4.6　低碳生活设施

便利服务设施。倡导规划建设配餐服务中心、公共食堂、自助洗衣店、家政服务点等便民生活配套设施，鼓励建立面向社区的出行、出游、购物、旧物处置等生活信息电子化智能服务平台。合理布局社区物流配送服务网点，打造社区商业低碳供应链。

公共服务场所。按照"15 分钟生活圈"的规划理念，合理建设社区公园、文化广场、文体娱乐等公共服务空间，鼓励有条件的社区建设集商业、休闲、娱乐、教育等功能于一体的服务综合体。

宣传引导设施。社区内居民小区和社会单位均应在公共活动空间设立宣传低碳理念和社区低碳试点工作的展示栏、电子屏、互动式体验设施等社区宣传设施。

3.4.7　社区生态环境

保护自然景观。社区开发建设过程中，优先保护自然林地、湿地等自然生态景观，保护生物多样性，鼓励划定禁止开发的生态功能区。社区景观绿化中，优先选用栽植本地植物，强化乔、灌、草相结合，维护社区生态系统平衡，促进社区景观绿化与自然生态系统有机协调。

推行立体式绿化。充分利用建筑屋顶和墙面、道路两侧、过街天桥等公共空间，开展垂直绿化、屋顶绿化、树围绿化、护坡绿化、高架绿化等立体绿化，最大限度提高社区绿化率。

3.5　运营管理

3.5.1　推行低碳物业管理

强化物业服务低碳准入管理。试点社区所在地政府管理部门、相关建设单位应加强物业服务单位的准入管理，提出低碳物业服务相关标准和低碳运营管理要求，把低碳运营管理作为选聘物业公司的重要依据，把低碳配套设施的运营维护作为移交物业的重要内容。

鼓励引入市场化专业运营服务。鼓励社区通过特许经营等多种方式，在社区开发建设阶段，引入再生资源回收、固体废弃物处理、水资源利用、园林绿化等专业公司参与投资、建设和运营，推行合同能源管理和第三方环境服务等市场机制。

提升低碳物业管理能力。物业服务单位应依据国家和地方物业管理和低碳发展相关要求，制定低碳管理制度，设立低碳管理岗位，建立标准化的低碳管理模式。加强对社区内入驻单位、物业公司低碳物业管理培训和服务考核工作。发挥社区居民自治组织和其他社会组织的作用，鼓励社区居民、社会单位等参与低碳社区建设和管理。

3.5.2　建立社区碳排放管理系统

建立碳排放管理体系。试点社区应建立覆盖社区内各类主体的碳排放管理体系，制定碳排放管理制度，明确各主体责任和义务，建立社区重点排放单位目标责任制。社区内企事业单位和住宅小区物业单位应设置碳排放管理岗，负责日常低碳管理工作。

加强社区碳排放统计核算。试点社区应结合实际情况，明确碳排放统计核算对象和范围，建立社区碳排放统计调查制度和碳排放信息管理台账，按照社区碳排放核算相关方法学，综合采用统计数据、动态监测、抽样调查等手段，组织开展统计核算工作。

建立碳排放评估和监管机制。试点社区应定期开展碳排放评估工作，并定期向社区居民和有关单位公示反映社区低碳发展水平的指标信息。针对碳排放重点领域、重点单位、重点设施，鼓励推行碳排放报告、第三方盘查制度和目标预警机制，制定有针对性的碳排放管控措施。

3.5.3　建立智慧管理平台

建立社区综合服务信息系统。结合各地电子政务、智慧城市建设，鼓励试点社区同步建设完善的信息服务平台，建立多功能综合性社区政务服务系统和社区生活、商业、娱乐信息在线服务系统。

建立数字化碳排放监测系统。有条件的社区，应统筹建立社区碳排放信息管理系统，实现对社区内重点单位、重点建筑和重点用能设施的全覆盖，对社区水、电、气、热等资源能源利用情况进行动态监测。鼓励有条件的地区建设社区能源管控中心，安装智能化的自动控制设施，加强社区公共设施碳排放智慧管控。面向家庭、楼宇、社区公共场所，推广智能化能效分析系统。

3.6　低碳生活

3.6.1　培育低碳文化

在社区建设过程中，项目建设单位应通过悬挂标语、制作墙板、印制宣传手册等多种方式，广泛宣传低碳建设内容。在社区建成投运后，面向社区居民和单位发放低碳生活、低碳办公指南，张贴低碳相关标识和说明，指引入驻单位和社区居民科学利用社区内的公共设施，培养低碳消费行为和生活方式。

3.6.2 推行低碳服务

强化社区服务企业的低碳责任，在社区引入商场、超市、酒店、餐饮、娱乐等服务企业时，应将建设低碳商业作为准入要求，把低碳理念融入到采购、销售和售后服务的全过程，积极推广低碳产品和服务，为社区居民提供绿色消费环境。

3.6.3 推广低碳装修

制定并发布绿色低碳装修指南，引导装修企业从设计、施工、选材等方面提供低碳装修服务，引导企事业单位和居民科学选择装修单位、选购低碳装修装饰材料和产品。试点社区应加强对室内装修活动的规范管理。

第四章 城市既有社区试点

4.1 试点选取

城市既有社区试点选取应遵循以下原则：

（1）体现地域特色文化、城市建设特点，考虑社区类型，具有典型性；

（2）社区管理主体明确，符合城市总体规划和土地利用规划；

（3）低碳发展潜力较大或节能低碳、循环经济、资源综合利用等相关工作基础较好，能够对当地低碳发展产生引领示范作用；

（4）优先考虑国家低碳城市试点、国家智慧城市试点、国家循环经济城市试点、节能减排综合示范城市建设、低碳工业园区试点、餐厨废弃物资源化利用和无害化处理试点城市等范围内的社区；

（5）优先选择开展老旧小区节能改造和综合整治、居住建筑节能改造、大型公共建筑节能改造等工作的社区。

4.2 建设指标

4.2.1 指标体系

试点建设指标体系设置突出降低社区碳排放量，覆盖了既有建筑、基础设施的改造和社区环境、运营管理和生活方式的提升等方面，共设定了

9 类一级指标和 32 个二级指标。其中，约束性指标是试点建设必须要达到目标参考值要求的指标，引导性指标是试点建设可根据自身情况确定目标参考值的指标。

试点社区应参照本指标体系，按照试点先进性要求，在开展现状评估和减碳潜力分析基础上，合理确定试点社区各指标目标值。各地区可根据社区类型的差异性和区域特点，适当增加特色指标。

表 2　城市既有社区试点建设指标体系

一级指标	二级指标	指标性质		目标参考值
碳排放量	社区二氧化碳排放下降率	约束性		≥ 10%（比照基准情景）
节能和绿色建筑	新建建筑绿色建筑达标率	约束性		≥ 60%
	既有居住建筑节能改造面积比例	约束性		北方采暖地区 ≥ 30%
	既有公共建筑节能改造面积比例		引导性	≥ 20%
交通系统	公交分担率	约束性		≥ 60%
	自行车租赁站点	约束性		≥ 1 个
	电动车公共充电站		引导性	≥ 1 个
	社区公共服务新能源汽车占比		引导性	≥ 20%
能源系统	社区可再生能源替代率		引导性	≥ 0.5%
	能源分户计量率		约束性	≥ 30%
	可再生能源路灯占比		引导性	≥ 30%
	建筑屋顶太阳能光电、光热利用覆盖率		引导性	≥ 10%
水资源利用	节水器具普及率	约束性		≥ 30%
	非传统水源利用率		引导性	≥ 10%
	社区雨水收集利用设施容量		引导性	≥ 1 000 m³/km²
固体废弃物处理	生活垃圾分类收集率	约束性		≥ 80%
	生活垃圾资源化率		引导性	≥ 30%
	餐厨垃圾资源化率		引导性	≥ 10%
环境美化	社区绿化覆盖率		引导性	≥ 5%

续表

一级指标	二级指标	指标性质		目标参考值
运营管理	开展社区碳盘查	约束性		有
	碳排放统计调查制度	约束性		有
	碳排放管理体系	约束性		有
	碳排放信息管理系统		引导性	有
	引入的第三方专业机构和企业数量		引导性	≥3 个
低碳生活	低碳宣传设施	约束性		有
	低碳宣传教育活动	约束性		≥2 次 / 年
	低碳家庭创建活动	约束性		有
	节电器具普及率		引导性	≥50%
	社区公共食堂和配餐服务中心	约束性		有
	社区旧物交换及回收利用设施	约束性		有
	社区生活信息智能化服务平台	约束性		有
	低碳生活指南	约束性		有

4.2.2 指标运用

试点社区应根据本指标体系，科学推进社区改造工作。在改造方案编制阶段，围绕指标涉及领域，组织开展现状评估和碳盘查工作，明确试点建设任务和改造重点；在改造实施环节，把低碳指标要求落实到具体项目中；在运营管理阶段，应按照低碳指标建立或完善相关管理制度和管理体系，并持续推动改造工作。

4.3 改造方案

4.3.1 现状评估

调查分析。针对辖区内建筑、能源、交通、水资源、固体废弃物及生态环境等各领域，组织开展现状摸底调研，梳理总结社区在发展绿色建筑和节能建筑、节水节地节材、资源循环利用、交通出行、绿化等方面的工作基础、存在不足和问题，深入了解居民、企事业单位和市政基础设施管理运营机构等各类主体的改造需求和意愿。

碳盘查。根据现状评估情况，综合采用社区碳排放核算相关方法学，核算二氧化碳排放总量以及领域构成、人均碳排放量、单位面积碳排放量等数据信息。各地区相关部门应组织开展社区碳排放调研统计分析的专项培训工作。

4.3.2　方案编制

明确目标任务。立足社区基础条件和碳排放现状，科学预测未来碳排放趋势，研究分析社区碳减排潜力，提出试点改造目标，明确具体指标要求，确立低碳改造的重点领域、重点任务，编制实施方案。试点任务既包括硬件设施改造，也包括运营模式和管理手段改进。要充分考虑既有社区设施类型复杂、产权多样等因素，科学确定具体项目的实施主体、实施方式，合理配置资金投入与相关资源。

建立推进机制。实施方案应明确政府部门、社区居委会以及相关参与主体的责任，明确工作程序和组织落实模式，加强建筑、供热、道路、电力等领域的统筹协调。针对拟实施的重点改造项目，建立项目专项论证和专家咨询机制。在方案制定和落实中，要广泛邀请相关单位和居民讨论参与，积极开展宣传引导，调动社会主体支持配合改造实施工作。相关部门应对试点改造方案组织开展低碳专项评审。

4.4　设施改造

4.4.1　既有建筑改造

根据改造方案目标，制定具体的既有建筑节能低碳改造实施方案，将目标任务落实到社区每栋建筑。建筑节能设计、施工单位应根据建筑节能改造相关标准，科学开展设计施工。设计单位应根据试点社区详细踏勘结果，结合当地气候条件，按照经济合理的原则，做好综合节能低碳改造设计。改造施工单位应编制施工组织设计和专项施工方案，抓好质量控制，做到绿色施工、文明施工。相关行业监督管理部门要做好改造工程的监督管理与验收，改造完成后，对改造工程节能低碳效果进行评估。发挥居民在节能低碳改造中的监督作用。对社区内的规划新建建筑，应尽可能按绿色建筑设计标准设计建设。

4.4.2　交通基础设施

优化社区路网结构。充分考虑社区的出行需求和交通流特征，通过加强社区支路建设，打通断头路和瓶颈路，改善社区交通微循环。合理配置社区内公共自行车道、人行道及车辆通行道，加强社区与公共交通"最后一公里"无缝接驳系统建设。

改善社区交通配套设施。试点社区应增设社区公共自行车租赁服务站点和设施，统筹规划充电桩、充电站等新能源汽车配套设施。充分利用社区边角空地，在不影响小区绿化面积情况下，增设绿荫停车场、立体停车设备，因地制宜地新建、扩建、改建机动车位和非机动车位，解决占道停车和路内停车现象。完善无障碍设施和道路指示牌、人行横道线、减速标志、信号灯设置和道路照明等。

4.4.3　能源基础设施

优化能源供应系统。结合本地能源禀赋和供应条件，通过煤改电、煤改气等多种方式，积极推进燃煤替代。对必须保留的现有燃煤设施，要加强技术升级和环保升级，推广优质型煤，进行散煤替代和治理，实现达标排放。在有条件的社区，优先推广分布式能源和地热、太阳能、风能、生物质能等可再生能源。加强供热资源整合，以热电联产和容量大、热效率高的锅炉取代分散小锅炉，提高社区集中供热率。对周边区域有工业余热的社区，供暖系统优先采用工业余热。鼓励专业机构以合同能源管理模式投资社区节能改造。

推广利用新设备新技术。鼓励在社区改造中选用冷热电三联供、地源热泵、太阳能光伏并网发电技术，鼓励安装太阳能热水装置，实施阳光屋顶、阳光校园等工程。在供热系统节能改造中，鼓励采用余热回收、风机水泵变频、气候补偿等技术，推广新型高效燃煤炉具。在社区照明改造中，推广太阳能照明、LED 灯等高效照明设备。

加强社区能源计量改造。结合能源系统改造优化，提升能源计量仪表及设备的技术水平，完善水、电、气、热分类计量体系，实现能耗数据采集智能化，鼓励建设社区能源管控中心。推广家庭能源管理系统或软件，完善家庭能源计量器配备。

4.4.4　水资源利用系统

给排水管网综合改造。统筹供水管网、排水管网、中水管网改造和消防专项整治等工作，优化升级社区给排水管网，综合解决给排水管网老化、跑冒滴漏、水质安全隐患、污水外溢等问题。有条件的社区，探索建立社区内污水分类处理设施，尽可能实现中水社区内回用。

社区节水改造。考虑平房、别墅、高层楼房等不同建筑类型，完善水资源计量管理，对按总水表计量的已建楼房，实施"计量出户、一户一表"改造。推行小区绿化用水单独计量，尽量采用中水。实施社区绿化节水技术改造，推广应用喷灌、滴灌等技术和调节控制器等节水器具。

雨水综合利用。根据降雨量和地形地貌特点，建设适宜的雨洪水资源化利用系统，通过采取建造蓄水池、渗水井和对硬质铺装地面进行透水化改造等措施、加强相关配套输送管网建设，提高雨洪水综合利用能力。

4.4.5　固体废弃物处理设施

完善垃圾分类收运系统。完善社区内的垃圾分类引导标识，加强家庭分类收集装置和社区垃圾分类投放容器的标准化配置，重点强化废纸、废塑料和厨余垃圾分类收集。推进社区清洁站分类装卸存储与清洁密闭化改造，提升垃圾分类中转效率，避免二次污染。完善社区可再生资源回收站点布局，支持专业回收企业或生产企业在社区布置自动回收机等便利有偿回收装置，完善社区回收网络。

　　建设垃圾社区化处理设施。鼓励社区在有场地条件的餐馆、商场、酒店、菜市场等场所，就近建设餐厨垃圾处理设施，开展就地化处理和利用。在大型公共绿地、公园、绿化面积较大的小区和社会单位，鼓励就地处置，实现绿肥就地回用。严格社区建筑垃圾管理，鼓励采用多种就地消纳方式进行建筑垃圾处理利用。

4.4.6　生活服务设施

　　构建便捷的生活服务网络。深入开展社区居民需求调查，配套完善社区餐饮、洗衣店、菜市场、家政和老年生活服务网点，推进"15 分钟生活圈"建设，为社区居民提供高效、便利的生活服务。支持社区建设旧物交换及回收利用设施，开设定期、定点交换集市。充分利用公共空间，建设低碳科普宣传设施。完善社区信息化服务平台。加快社区物流信息化建设，支持社区便利店等传统设施与电子商务服务有效衔接，开发面向社区居民的消费信息服务系统，提供在线销售服务。

4.4.7　社区生态环境

　　拓展社区绿色空间。因地制宜推广建筑外墙绿化、屋顶绿化、家庭绿化等。结合"城中村"、"边角地"、老旧小区和胡同街巷的市容市貌整治工作，加强社区闲置土地整治，通过见缝插绿、拆墙透绿、腾地造绿，最大限度增加绿化面积，提升社区环境质量。改善社区水环境。结合雨洪调蓄利用等城市水利工程建设，完善社区雨水排水系统，改善社区积水问题。加强社区过境河流、湖泊水体水岸整治，加强水岸景观建设，营造洁净宜居的水域环境。推进社区内水体疏浚治理改造。

4.5　运营管理

4.5.1　健全物业低碳管理体系

　　对物业缺失、服务体系不健全的老旧小区，应以试点建设为契机，积极引入第三方运营机构，加快建立物业管理体系，同步推行低碳管理模式。对已有物业管理的社区，加快建立低碳物业管理制度、流程、标准，完善低碳管理岗位设置和人员配置。鼓励物业公司集成社会资源，丰富服务内容，提供"一站式"低碳生活服务。加强水、电、气、热等市政设施和园林绿化的日常维护。

4.5.2　强化社区碳排放管理

试点社区应建立覆盖社区内各类主体的碳排放管理体系，制定碳排放管理制度，建立社区碳排放统计调查制度和碳排放信息管理台账，组织开展统计核算和碳排放评估工作，加强碳排放信息公示，制定有针对性的碳排放管控措施。

4.6　低碳生活

4.6.1　加强低碳生活理念宣传普及

研究制定有针对性的宣传方案。充分利用社区公共空间，通过专题展板、报栏、社区电子屏，宣传社区低碳改造建设计划、进展及取得成就，鼓励居民参与。举办社区特色低碳宣传活动，定期在学校、展览馆、公共活动广场等开展低碳生活、低碳消费、低碳建筑、低碳技术等低碳体验活动，组织低碳家庭评选。

4.6.2　推广低碳生活方式

制定低碳生活指南。从衣、食、住、行、用等方面，引导居民日常生活从传统的高碳模式向低碳模式转变，养成健康、低碳的生活方式和生活习惯。倡导清洁炉灶、低碳烹饪、健康饮食，减少食品浪费。鼓励总结节电、节油、节气、节煤、节水和资源回收及废料应用等低碳生活小诀窍，指导居民学习运用节能低碳新知识和新技能。

推广低碳消费模式。引导社区商场、超市、餐饮等服务机构提供绿色低碳的产品和服务，打造社区商业低碳供应链。鼓励社区居民在房屋装修、电器更换、商品采购各方面选购低碳产品和简约包装商品，推广使用可循环利用的环保购物袋。倡导绿色低碳出行。支持购买混合动力汽车、电动车等低碳交通工具，发展电动车租赁服务。鼓励居民采用步行、自行车、拼车、搭车等低碳出行方式，宣传低碳旅游方式。

第五章　农村社区试点

5.1　试点选取

试点选取可重点遵循以下几点原则：

（1）体现所在地区农村建设发展的特点，具有典型性、代表性；

（2）有健全的村民自治组织或社区管理主体，具备较强的试点建设组织能力，社区居民有参与试点建设的积极意愿；

（3）具有开展低碳建设工作的基础条件，能够显著改善农村人居环境；

（4）优先支持列入国家扶贫开发地区、生态移民区的农村社区，优先选取国家生态县、生态文明建设试点县、可再生能源示范区等县（市）范围内的社区。

5.2　建设指标

5.2.1　指标体系

试点建设指标体系设置突出以低碳发展支撑农村人居环境改善，围绕村庄规划、建设和管理，设定了 10 类一级指标和 28 个二级指标，其中约束性指标是试点建设必须要达到目标参考值要求的指标，引导性指标是试点建设可根据自身情况确定目标参考值的指标。

试点社区应结合自身发展基础，参照同类农村低碳发展先进水平，在开展现状评估和分析减碳潜力基础上，确定各项指标的目标值。根据不同地区的自然气候、区位条件、资源禀赋等差异，各地区可适当增加反映地域特色的指标。

表 3   农村社区试点建设指标体系

一级指标	二级指标	指标性质	目标参考值
碳排放量	社区二氧化碳排放下降率	约束性	8%（比照试点前基准年）
规划布局	村庄规划	约束性	有
	畜禽养殖区和居民生活区分离	引导性	是
绿色农房	新建农房节能达标率	引导性	≥ 50%
	既有农房节能改造率	引导性	≥ 50%
	人均建筑面积	引导性	45 ～ 55 m²/ 人
交通系统	公交通达	引导性	有
	清洁能源和新能源汽车	引导性	有
能源系统	太阳能热水普及率	引导性	≥ 80%
	可再生能源替代率	约束性	≥ 5%
	家庭沼气 / 燃气普及率	引导性	≥ 50%
固体废弃物	生活垃圾集中收集律	约束性	100%
	生活垃圾资源化率	引导性	≥ 30%
	秸秆回收利用率	约束性	≥ 90%
水系统设施	饮用水达标率	约束性	100%
	节水器具普及率	约束性	≥ 50%
环境综合整治	生态保护和修复措施	约束性	有
	小流域综合治理措施	引导性	有
低碳管理	碳排放统计调查制度	约束性	有
	村庄保洁制度	约束性	有
	历史文化和风貌管控措施	引导性	有
	碳排放管理体系	约束性	100%
低碳生活	低碳宣传设施	约束性	有
	低碳生活示范户	约束性	有
	低碳宣传教育活动	约束性	≥ 2 次 / 年
	节能器具普及率	引导性	≥ 50%
	清洁节能炉灶普及率	引导性	≥ 50%
	低碳生活指南	约束性	有

5.2.2　指标运用

试点社区应参照本指标体系，科学指导村庄规划、建设和管理工作。在规划环节，将低碳指标要求贯彻到农村生产生活服务设施建设、自然资源和历史文化遗产保护的用地布局与具体安排中；在村庄建设环节，把各项指标融入落实到绿色农房、低碳交通、垃圾处理、水系统设施、环境治理等各领域的具体工作中；在运营管理环节，要按照指标要求完善村庄管理制度和管理体系。

5.3　低碳规划

5.3.1　规划编制

试点社区要依据所在区域总体规划，突出农村人居环境改善，立足农村实际，体现乡村特色，编制符合低碳理念和试点目标要求的村庄低碳建设规划。规划编制应突出生产、生活功能分区，科学划定村庄空间布局，建设符合农村特点的基础设施，传承乡村风貌和历史文化，确定试点目标和改造、新建内容。规划编制要深入实地调查，坚持问题导向，鼓励村民参与。对已经编制村庄规划的试点社区应参照试点建设指标体系对规划进行碳评估，补充低碳建设内容或制定社区低碳化改造方案。

5.3.2　规划落实

试点社区所在地相关部门应做好试点低碳规划审查工作，将规划中低碳试点建设相关要求落实到农村土地流转、项目招标和土地审批等具体环节中。要加强基层管理人员业务培训，定期评估试点规划实施情况。充分利用村庄广播、村民会议等方式，加强村庄低碳建设相关工作的宣传，发挥村务监督委员会、村民理事会等村民组织作用，引导村民全过程参与试点规划、建设、管理和监督。

5.4　低碳建设

5.4.1　绿色农房

新建农房。按照国家绿色农房、农村居住建筑节能设计等相关标准，对政府统一规划建设的农房提出明确的建设标准要求，对农民自建住房给予有针对性的指导。新建农房设计应充分考虑当地气候条件，最大化利用自然采光通风，推广太阳能建筑一体化应用。优先采用本地化的建筑材料。在满足居住所需建筑面积的同时，提倡紧凑型农宅庭院布局。鼓励有条件的地区推进住宅产业化建造，组织提供专业的农房设计服务。

既有农房。农房低碳改造工作应与危房改造、抗震节能改造、灾区重建等工作统筹推进。既有农房应按照当地建筑节能设计标准开展节能改造，推广应用保温隔热围护结构材料、绿色建材产品，加强全流程的改造监管工作。对于改造中的建筑废弃物，倡导转化为可用建材，提高资源化利用率。

5.4.2　交通设施

在有条件地区，合理设置公交站点、公交线路，因地制宜开通城、镇、村之间的客运车辆，为农村居民提供便捷的绿色出行条件。加快淘汰不符合国家和地方环保标准的高耗能、高排放的燃油机动车（船）、农用机械，抓好农村机动车、农用机械的检测维修和保养。在有条件的地区，推广使用液化天然气（LNG）等清洁能源车辆。在风景名胜区和特色旅游村，全面推广新能源车辆，提供低碳的景点游览和接驳服务。

5.4.3　低碳能源系统

能源供应系统。加快淘汰低质燃煤，积极推进型煤、液化石油气下乡配送，实现农村住户炊事低碳化。结合集中连片的新农村建设，在农业秸秆、畜禽养殖粪便等生物质资源丰富的地区，推广建设规模化的沼气场站，推进沼气在炊事、发电、供热、取暖等方面的综合利用。在居住点较为分散的社区，推广建设户用沼气池，提高家用沼气覆盖率。在沿海、草原牧场等风能资源丰富区域，推广中小型风力发电和风光互补等技术应用。

节能低碳设施和设备。针对不同地区农村的炊事、采暖等用能特点，推广省柴节煤炉、生物质炉、节薪灶等清洁节能炉灶及节能吊炕等。推广应用太阳能热水器、太阳能采暖设备、小型光伏发电系统、太阳能光伏大棚，以及节能低碳农业机械和农产品加工设备、低碳农业设施。

5.4.4 垃圾处理设施

垃圾收运体系。因地制宜构建农村生活垃圾分类收集处理体系，合理配置村域垃圾收集设施，分户配置标准化的垃圾分类收集容器，指导村民科学分类投放。鼓励资源化优先和"就近就地"的无害化处理方式，健全"村收集、镇转运"的收运体系。

垃圾综合处理系统。加强农村社区再生资源回收利用，设置回收站点，构建县、乡、村三级再生资源回收利用网络。加大秸秆露天焚烧整治力度，推进秸秆综合利用。推广使用可降解地膜。对人畜粪便、厨余垃圾、农林废弃物等有机垃圾采用堆肥方式处理。加强农村非正规垃圾堆放点综合整治，科学建设就地无害化处理设施。

5.4.5 水资源利用设施

加强农村安全饮用水集中供给系统建设，鼓励建设联村联片、规模适度的供水系统。建设适宜的小型污水处理设施，优先采用人工湿地、好氧塘等低碳生态处理工艺。加强农村畜牧养殖废水的收集，严格做好污水处理。干旱缺水区域要推广应用适宜的雨水收集利用设施。推广滴灌、喷灌等节水灌溉技术，推广水肥一体化模式。推广应用节水、节能、减排型水产养殖技术和模式。

5.4.6 村域生态环境

环境绿化美化。加强农村自然景观保护，保留有地域特色的田园风貌。立足自然地理和气候资源条件，选用适宜的乡土植物种类，加强村域林木环境、道路林荫和庭院美化，构建不同层次的绿色景观。因地制宜建设碳汇林，综合运用草畜平衡、休牧、围栏等措施，加强草原保护。

生态修复建设。推进农村土地综合整治，加强植树造林、退耕还林还草，加快废弃矿山治理、荒漠化防治。加强荒山荒地造林，实施河道清淤和排洪沟建设，加强小流域综合治理，提高应对洪涝、水土流失等防灾减灾能力。加强对自然保护区、重要生态功能区和生态脆弱地区生态环境保护和监管。

5.5　低碳管理

5.5.1　完善村庄公共服务

借鉴城市社区管理和服务模式，在试点村庄推行社区化管理。加强网络、广电通讯等信息设施和便民超市、农资超市等服务设施建设。依靠政府、企业、社会组织等多方力量，提升农村教育、卫生、劳动就业、法律、社会保障等公共服务水平。

5.5.2　健全村庄公共管理

加强农村公用设施管理，建立村庄道路、给排水、垃圾和污水处理、沼气等公用设施和水体、湿地、林地等生态系统的长效管护制度，培育市场化的专业管护队伍，做好专业管护人员技能培训。加强历史文化名村、古村落保护，建立健全保护和传承历史文化的监管机制。鼓励引入专业化物业管理公司，探索农村社区物业管理新模式。鼓励社会企业通过捐赠、投资等方式，在试点农村社区开展公益碳汇林建设。

5.5.3　加强村庄碳排放管理

加强农村电力、煤炭、燃气等能源资源计量工作，科学配置入村、入户的电表、水表、气表，建立村庄资源能源统计调查制度和碳排放信息管理台账。定期开展能源资源调查统计，分析能源资源消耗总量、结构和变化情况，评估碳排放水平，制定有针对性的碳排放管控措施。

5.6　低碳生活

5.6.1　宣传低碳文化

把低碳文化融入农村文化建设，开展反映本地特色的低碳文化活动。充分利用农村广播、文化活动室、农家书屋、宣传栏等，加大低碳文化传播。建立城乡低碳资源联动、低碳信息共享机制，组织开展低碳科技、低碳文化下乡活动，支持开办低碳专题展览，提高村民低碳意识，营造低碳村风、家风和民风。

5.6.2　倡导低碳生活方式

引导村民低碳消费行为，编制农村社区低碳生活指南，在社区超市、小卖部、集贸市场等悬挂张贴低碳产品选购常识、倡议书，

鼓励居民选用低碳产品。提倡以勤俭节约方式举办婚丧嫁娶等活动，反对铺张浪费、大操大办。在学校开设低碳教育课堂，普及节水、节电、垃圾分类回收等低碳生活知识，组织评选低碳生活示范户，带动村民形成低碳消费行为习惯。

第六章　保障措施

6.1　加强组织领导

6.1.1　建立协调联络机制

要将低碳社区试点作为生态文明建设、全面深化改革的重要创新举措，列入政府重要工作日程。建立以发展改革部门为主导，财政、规划、市政、交通、住建、环保、园林、农业、科技等各部门协同配合的低碳社区试点建设工作协调机制。

6.1.2　落实目标责任

将试点建设相关目标任务纳入地方政府工作计划，分解落实目标责任，加强督促检查。将低碳社区试点工作进展和目标完成情况纳入国家碳强度下降目标责任考核。

6.2 完善配套政策

6.2.1 整合相关政策

将低碳社区试点建设作为生态文明建设和推进政府管理体制改革的重要创新平台，创新工作思路，整合节能减排、循环经济、科技创新、可再生能源、智慧城市等各项支持政策，对低碳社区试点建设项目优先支持，形成政策合力。

6.2.2 加大财政投入

鼓励地方设立低碳社区试点建设专项资金，通过财政补贴、以奖代补、贷款贴息等方式对低碳社区试点建设加大投入力度。研究建立国家支持低碳社区建设的长效机制。

6.2.3 创新支持政策

加强税收、金融、价格、土地、产业等相关政策创新，激发社会主体参与低碳社区试点建设的积极性，鼓励政策性银行、商业银行、投资银行、保险机构等金融机构参与低碳社区试点，拓宽融资渠道，研究利用 BOT、PPP、特许经营等新型融资模式，探索利用碳排放市场支持低碳社区试点的有效模式。

6.3 健全服务体系

6.3.1 加强低碳技术推广应用

研究建立低碳社区规划、设计、建设、管理的技术标准、行业规范，加强低碳社区相关技术和产品研发，编制推广应用目录。鼓励建立低碳社区技术和产业联盟。

6.3.2 搭建试点建设服务平台

鼓励建立产学研一体化的低碳社区服务平台，为低碳社区试点建设提供技术支持、产品供应、咨询服务、业务培训和投融资服务。

6.4　增强交流合作

6.4.1　加强试点建设经验交流

注重总结试点建设成功经验，开展多层次交流活动，推动试点社区在建设模式、推进机制、管理运营等方面互学、互鉴，形成各具特色的低碳社区试点建设模式。

6.4.2　加强低碳社区国际合作和宣传

将低碳社区试点建设作为应对气候变化国际合作和南南合作的重要领域，加强国内试点社区与国外低碳社区、国际研究机构等的合作交流。充分利用多种形式和多种渠道，广泛宣传低碳社区试点建设工作中取得的经验和典型做法，将社区打造为科普宣传教育、技术产品示范、低碳行为推广的重要展示和体验平台，将低碳社区建设打造成我国生态文明建设的亮点。

附件：名词解释

1. 社区二氧化碳排放量降低率

社区通过采取各种低碳措施而实现的碳减排量与该社区基准情景碳排放量的比例。其中，城市新建社区的基准情景碳排放量为不采用低碳发展策略且符合国家、地方各类节能减排现行标准的社区碳排放水平，城市既有社区和农村社区的基准情景碳排放量为社区试点前基准年碳排放水平。

2. 社区绿色建筑达标率

社区内所有满足绿色建筑评价标准的建筑面积占社区新建建筑面积的比例，满足绿色建筑评价标准的建筑含达到国家绿色建筑评价标准的绿色建筑一星级、二星级、三星级标准的建筑。

3. 新建建筑产业化建筑面积占比

社区内采用工业化方式建设的建筑面积占社区新建建筑面积的比例，建筑工业化包括采用装配式混凝土结构、建筑装修一体化等满足国家建筑工业化标准要求的方式。

4. 可再生能源替代率

可再生能源的使用量占建筑总能耗的比例，可再生能源是指风能、太阳能、水能、生物质能、地热能和海洋能等非化石能源的统称。

5. 能源分户计量率

社区内实现电、天然气、热分户计量的家庭户数占社区内家庭总户数的比例。

6. 生活垃圾资源化处理率

以焚烧发电、堆肥、再利用等方式处理而非简单填埋和焚烧等方式处理的生活垃圾量占社区内总的生活垃圾量的比例。

7. 社区公共服务新能源汽车占比

提供社区劳动就业社会保障服务、社会救助服务、社区计生服务、住房保障服务、综合治理和安全管理服务、城市管理和爱国卫生服务、统计调查服务等机构使用新能源汽车数量占汽车总量的比例，新能源汽车包括纯电动汽车、插电式（含增程式）混合动力汽车和燃料电池汽车。

8. 公交分担率

城市居民出行方式中选择公共交通（包括常规公交和轨道交通）的出行量占总出行量的比例。

9. 绿地率

社区用地范围内各类绿地的总面积与社区占地面积的比例，绿地包括公共绿地（居住区公园、小游园、组团绿地及其他的一些块状、带状化公共绿地）、宅旁绿地、配套公建所属绿地和道路绿地等。

10. 绿化覆盖率

社区内绿化覆盖面积与社区占地面积的比例。绿化覆盖面积指城市中的乔木、灌木、草坪等所有植被的垂直投影面积，包括公共绿地、居住区绿地、单位附属绿地、防护绿地、生产绿地、道路绿地、风景林地的绿化种植覆盖面积、屋顶绿化覆盖面积以及零散树木的覆盖面积。乔木树冠下重叠的灌木和草本植物不能重复计算。

11. 污水社区化分类处理

根据社区产生的生活污水的成分特点和处理难易程度进行分类收集处理，可在社区内进行处理的生活污水尽量在社区内处理并就地回用，难以在社区内处理的生活污水排入社区周边市政污水管网，减少生活污水长距离运输产生的能源资源消耗。